U0084074

古典文獻研究輯刊

初編

潘美月・杜潔祥 主編

第13冊

從傳統到現代：中國圖像版印技術之演變

（1600～1900）

李貴豐 著

國家圖書館出版品預行編目資料

從傳統到現代：中國圖像版印技術之演變（1600～1900）／李貴豐著 — 初版 — 台北縣永和市：花木蘭文化工作坊，2005〔民 94〕

序 1+ 目 2 + 148 面；19×26 公分

（古典文獻研究輯刊 初編；第 13 冊）

ISBN：986-81660-9-8（精裝）

1. 印刷術 – 中國 – 歷史

477.092　　94018944

ISBN 986-81660-9-8

9 789868 166097

古典文獻研究輯刊

初 編 第十三冊　　ISBN：986-81660-9-8

從傳統到現代：中國圖像版印技術之演變（1600～1900）

作　　者　李貴豐

主　　編　潘美月　杜潔祥

企劃出版　北京大學文化資源研究中心

出　　版　花木蘭文化工作坊

發 行 所　花木蘭文化工作坊

發 行 人　高小娟

聯絡地址　台北縣永和市中正路五九五號七樓之三

電話：02-2923-1455／傳真：02-2923-1452

電子信箱　sut81518@ms59.hinet.net

初　　版　2005 年 12 月

定　　價　初編 40 冊（精裝）新台幣 62,000 元

從傳統到現代：
中國圖像版印技術之演變（1600～1900）

李貴豐　著

作者簡介

李貴豐
國立政治大學教育系學士，歷史研究所碩士、博士，治學兼涉文、史、哲與藝術諸領域，任教於國立台北商業技術學院與國立台灣藝術大學，講授文化史、文物鑑賞、美術鑑賞等課程，並於中華電視公司主講中國文化史與人生哲學，另於台灣苗栗經營「博古草堂」生態文化園林。主要著作有《尼采的群眾意識》、《從傳統到現代：中國圖像版印技術之演變（1600～1900）》、《中國文化史》、《人生哲學》、《人生哲學－理論與實踐》等書，及《畫中有詩－北商詩壇》（第一至十二輯）、《博古草堂－散文》（第一、二、三集）。

提　要

本篇論文旨在從現代化的觀點，探討中國傳統手工業技術與清季新興工業的交會關係及其蛻變過程。過去學者對中國工業現代化的研究，比較著重新興工業的成長狀況，並以「量」的變化作為現代化的重要指標。本論文則著重對傳統手工業的探討，而且以新舊工業技術「質」的變化為著眼點。

印刷術是中國古代領先世界上其他民族的四大發明之一，這項發明對人類文明的發展有巨大的貢獻。然而清末西洋新印刷術反而在中國大行其道。因此考察西洋印刷術輸入中國，並與中國傳統印刷技術競爭、融合與交替的過程，是個很有意義的問題。

印刷史的研究向來不乏其人，研究成果也相當可觀，然而圖像版印技術的研究尚有探討的空間。因為圖像版印過去常被劃歸「版畫史」的「藝術範疇」。在這個領域裡，「描繪」的藝術特性較被強調，而「印刷」或「複製」的技術特質常被忽略，本文希望能夠填補這個空白。

由於本文是從工業技術現代化的角度來詮釋傳統的圖像版印，因此過去一般美術史學者面對古代「版畫」時，所強調的「藝術」或「美術」成分，都不再是本文所要探討的重點。但是過去由美術史角度蒐集的「版畫」資料以及研究成果，卻是本文藉以詮釋「傳統印刷技術」的重要素材。

本研究的年代斷限，比一般研究中國現代化之學者的取捨標準為寬。一般「現代化」的研究者，多以中國棄舊迎新的晚清時期為起點，本文對傳統圖像版印的探討，則是回溯到中國傳統技術完全成型的明末時期，藉以瞭解在西洋技術輸入之前，中國傳統典型技術風格的塑造，是否已經為清季技術現代化的成敗利鈍埋下伏筆。

本文發現，在西方新印刷技術輸入中國之前的數百年間，中國傳統圖像版印技術在歷經各種挑戰時，都能憑藉固有文化與技術特質，保持其一定的韌性。在此期間，即使傳統技術有所改變，其風格也大致缺乏自謀更新的動向。傳統技術的這種保守性格，對清末西洋新技術的引進亦形成一些阻力。但是本文同時也發現，西洋新興印刷技術在十九世紀末葉時，並未充分成熟，且與中國傳統版印技術一樣，使用相當多的手工操作，因而構成兩者之間依存及互補的關係。總之，在其他領域裡，雖然中國傳統對西方價值常有強烈的排斥作用，但是我們發現在圖像版印技術領域裡，中西雙方卻存在著相當程度的融合性。

目錄

自 序

本篇論文自 1993 年發表以來，前承多家出版社要求出版，皆因作者旨趣未定而不果，今承花木蘭文化工作坊有意將此論文納入《古典文獻研究輯刊》，作者考量本身對此論題已未再深涉，而原論文再三審閱，其諸多論點似仍未過時，若將此論文出版，或有益於有意繼起研究者查閱方便，乃同意出版。

本篇論文於資料的徵引，並無過人之處，論文篇幅亦甚單薄，唯能向讀者推介者，僅在於諸多新「觀點」的提出與驗証，而其結果，一方面可較大膽的補正「中國現代化」研究的通說定論，另一方面，可輔助較抽象的思想史辨証，轉由「科技史」的具象面加以實勘。後繼研究者如有意類推援引，其具體成果累積，或有益來日較抽象學術理論之建構。

李貴豐　謹識 2005.3.24

前　言

數年前，王爾敏教授在政治大學歷史研究所講課，課堂上，他從「非文字史料」著眼，爲同學介紹清季的《點石齋畫報》。過去多年來，面對各種史料，我一向偏重文字的內涵，從此則同時注意到史料的外在形式，以及其意義。於是在蘇雲峰教授指導下，我嚐試透過圖片史料，探討中國現代化的問題。

在論文撰寫的過程，蘇雲峰教授給我十足的支持，所長張哲郎教授允許我撰寫這篇論文，也讓我感激不盡。林天蔚教授更經常垂詢論文寫作的進度。在我擔任政治大學文理學院秘書期間，前後兩位院長——王壽南教授和林邦傑教授，都對我十分優遇，使我在工作之餘，能夠安心進修。邢綺華小姐全心全力擔任行政助理，爲我分憂不少。歷史系三位助教——李素瓊小姐、楊小華小姐、張曉寧小姐，也經常支援院務，在此一併致謝。

其次要感謝毛知礪、彭明輝、吳翎君、呂紹理、林桶法幾位博士班的同學，對我的論文提出寶貴的修正意見。李道緝同學不吝傳授電腦使用技巧，爲我節省不少處理論文的時間。

這篇論文的完成，尤其要感激內人吳景玲，結婚十年來，公務之餘，我幾乎完全與學業爲伍，她不但毫無怨言，還給我充分的精神支持，家裡大小事務，也完全靠她張羅。種種辛勞，謹此銘記，以表示誠摯的敬謝。

第一章　緒　論

一、研究旨趣

清季的自強運動是中國工業現代化的開端，西方機械文明從此逐步取代中國傳統手工業，並取得最後的勝利。因此在現代化的研究領域，不論區域研究還是專題研究，著眼點都是新舊文化衝突和西式新文明的發展情形。

傳統手工業是實質上趨於消失的技術，因此未受到研究現代化之學者的重視。然而如果從古今貫通的角度觀察，實有必要檢討傳統工業（工藝）技術在現代化過程中所扮演的角色。蓋中國古代工業（工藝）技術一向發達，甚至領先世界上其他民族，中國數千年來歷經無數衝擊，營造了自己的一套生活技藝。這套生活技藝必然帶動人文景觀的塑造，其牽涉至廣，影響至深。清季西洋新工業技術輸入中國，傳統技術以其歷史與社會特質，面對西洋技術挑戰時，其交會的內涵絕對是豐富的。固然中西技術較量的勝負已定，但是作爲一種歷史的研究，技術交會的過程無寧更值得我們一探究竟。但是我們要探討的是傳統技術在時代過程中，面對內外在挑戰與技術瓶頸時，其因應問題、克服困難的經過與模式。透過對傳統技術因應問題模式的瞭解，得以對其現代化的潛力有所認識。其次，因爲中西技術各是總結其本身文化發展之所得，各有其深厚的人文背景。技術交逢的成敗，可能在更早的時代已種下根源，這也是本文所要探究的。

在從事上述論題之研究時，可以透過對技術內在現象的細微觀察，檢討傳統手工藝技術與新式工業技術的同質性與異質性。傳統工藝技術有無自我突破的內在條件？在西洋現代技術未輸入之前，傳統工藝技術是否曾遭逢社會需求所施加的改革壓力？或是技術本身在運用上有無瓶頸產生？傳統技術在面對外在的社會壓力，或內在的技術瓶頸時，其因應的模式是什麼？清季技術現代化並不順利，其原因是源自中國傳統社會與工藝條件？還是與西洋技術本身的特質也有關係？其次，由於清季輸入的西洋先進技術，大都也正是中國所需要的，是否傳統技術本身沒有能力自謀更新？還是說，清末的社會已經產生新的需求，唯有西洋技術能夠代勞？換言之，中國傳統技術或社會本身，是否已經為西洋技術的移植營造了某種程度的良好氣氛？再其次，中國傳統社會與技術和西洋現代技術的相容性如何？新舊技術在清季的交會過程裡，是否存有互相包容、互補的漸進式交替現象？透過上述對傳統與現代工業（工藝）技術面的省察，應當可以對中國現代化的現象，增加一層深刻的認識。

然而技術的發展，不似一般思想文化之具有抽象統合性。在面對多元型式的傳統工藝技術時，希望以概括的方式，統合多元技術作整體的研究，以尋找普遍的原理原則，顯然並非明智之舉。因此本文僅擇定一項工藝技術作研究，期望能夠較深入的檢討單一工藝技術的內在現象。

二、討論主題

印刷術是中國古代領先世界其他民族的重大發明，這項發明對人類文明有巨大貢獻。然而清末西洋新印刷術後來居上，在中國大行其道，因此考察西洋印刷術輸入中國，與中國傳統印刷技術交會的過程，是個很有意義的問題。

印刷史的研究向來不乏其人，研究成果相當可觀，但是至今尚少見有將圖像版與文字版區分做研究的。前人的相關研究，即便未言明所指，其內容要非文圖不分，便是專指文字印刷而言。圖像版印並非無人研究，而是通常被劃歸為「版畫史」的「藝術範疇」，因為傳統的圖像版印技術操作簡易，現今已被個人藝術創作引為工具與手段，他的歷史也因此被列入藝術史的範疇。在這個研究領域，「描繪」的藝術特性較被強調，「印刷」的精神特質則經常被忽略，這種現象值得我們加以填補。其實，只要從傳統圖像版印所涉獵範圍的實用性，就可以瞭解他們的原本面貌並非藝術性的。蓋傳統圖像版印的題材是多方面的，應用的範圍是很廣泛的。從做為宗教畫的佛像、神像；做為年畫的吉祥畫、風俗畫、風景畫、人物仕女圖、戲曲故事畫；和做為信紙、詩箋用的裝飾畫等等單幀木刻畫。做為醫藥書、地理書、兵書、工程書、考古書、禮儀書、佛道經、兒童讀物、家譜、琴棋譜、占卜星相書、通俗讀物、小說、戲曲等等的插圖。到做為學習繪畫之用的畫法、畫譜之類。是包括了木刻畫的一切可能的應用和作用的範圍〔註1〕。另從製作技術來說，圖像版印與一般繪畫的最大差別就是版印的「複製」特質，而「複製」的純技術傾向實遠高於藝術意義。傳統圖像版印工作，可以細分爲「構圖、雕版、印刷」三個工序，三者都以忠於手繪「圖畫」原著的複製爲目的，與二十一世紀以來的「創作版畫」大不相同，因此，將所謂的傳統「版畫」納入印刷技術史做研究，實爲正本清源之舉。

本文選擇圖像印刷作爲探討範圍，更重要的理由，是以清季印刷工業技術現代化的現象爲著眼點。蓋清季由西方輸入中國的主要文字印刷技術，乃是鉛活字印刷，然而活字印刷，中國在宋代早已發明，歷代並陸續改良，嘗試使用過各種質材的活字。因此，由「活字」使用的角度來看，西洋輸入的文字印刷技術，並沒有對中國傳統文字印刷帶來革命性的新經驗。然而圖像印刷則大不相同，中國自唐代出現木雕版印刷之後，圖像的表現工具是「木雕版」，直到清季都沒有任何突破。此時，西洋輸入的圖像印刷技術，卻提供全新的技術經驗，這項技術是完全捨棄「凹凸雕版」需要的「平版印刷」。因此，將傳統與現代圖像印刷技術的交會關係單獨列爲討論對象，是可行的，也是必要的。

由於本文是透過工業技術現代化的角度，來詮釋傳統圖像版印技術，因此過去一般美術史學者面對古代「版畫」時，最強調的「藝術」或「美術」成分，它們都不再是本文所要探討的重點。但是過去由美術史角度所蒐集的古代「版畫」資料，以及由美術史角度研究所得成果，卻是本文藉以詮釋「傳統印刷技術」的重要素材。因爲本文對傳統的圖像版印技術，是單純的視爲圖畫的「複製」技術，此種技術（包括工具、材料以及人力結構）是否足以使複製品忠實於原畫，又能符合工業生產的效率原則？工具與材料的屬性及其變遷對複製品風格的影響又是如何？這些才是本文所要關心的問題。而由於傳統繪畫的風格與流派及其變遷，會對既有的版印技術形成「是否足以繼續忠實複製」的壓力，所以傳統繪畫的風格、技巧與製作之成品，必須納入本文，作爲檢討傳統版印技術「複製功能」的依據。舉例來說，中國傳統繪畫注重「線描」表現，這項繪畫特色，對傳統版印技術複製的功效如何？中國的繪畫後來又出現「渲染」畫法，傳統的版印技術有否被要求如式複製？原有的技術條件是否有能力繼續忠實的複製？如果原有的技術條件已不足以忠實的承印，是否因而促進版印技術的改革？又例如「色彩」的

〔註1〕鄭振鐸、李平凡《中國古代木刻畫選集》（北京：人民美術出版社，1985年），目錄冊，序頁1。

表現，它是中國傳統繪畫要素之一，傳統版印技術對繪畫「色彩」的複製情形如何？這些都是本文希望探索的問題。

三、年代界說

本研究的年代斷限，比一般研究中國現代化之學者的取捨標準爲寬，因爲一般現代化的研究者，多以中國棄舊迎新的晚清時期爲起點〔註2〕。要憑此年代斷限來述說新文明誕生的歷史是足夠的，但是如果要爲傳統技術的衰敗作詮釋，則有往早期歷史回溯的必要。我們需要藉著較長時期的觀察，以瞭解中國傳統技術在西洋技術介入之前，遭逢內在的挑戰時，其反應的模式。唯有如此，才能正確判斷傳統技術在晚清的衰敗中，那些現象是十九世紀末葉的時代所引起的，那些現象是傳統技術本身的條件所招致的。

中國印刷術起於盛唐，此後文字與圖像版的發展有分途之勢，文字雕版印刷至宋代已達到精美的顛峰，活字印刷在宋、元各有技術的更張。然而圖像印刷則要到明代才達到生產的高峰，僅以書籍插圖來說，據統計，歷代插圖書即有四千餘種，明刊約佔一半，可見明代版書盛況空前〔註3〕。但是明代圖像版印又要以明代末葉最爲興盛，尤其萬曆與天啓的五十五年間（1573～1627），以戲曲、小說爲主的版畫插圖和畫譜，有如百花齊放，精美絕倫，呈現蓬勃氣息，形成中國版畫史上的黃金時代。此時產生專門從事雕版的雕版師，且名手輩出，技藝高超〔註4〕。然而以上所說的盛況，是指圖像印刷品質與數量的成果；若要論技術的創新，則大約在十七世紀才開啓新的大門，這項技術是朝多色套印與渲染印刷發展。從此，繪畫上色彩的「藝術」表現，轉化爲套印「技術」精準化的壓力來源，並達到傳統圖像版印技術與藝術的最高境界。如萬曆二十三年（1595）程君房之「程氏墨苑」、天啓六年（1626）吳發祥之「蘿軒變古箋譜」、天啓七年（1627）胡正言之「十竹齋書畫譜」與弘光元年（1645）「十竹齋箋譜」均精工富麗，備具眾美。中國版畫發展至此，令世人嘆爲觀止〔註5〕。雖然由現在看起來，明末版印

〔註 2〕一般研究中國現代化的學者，大多以清季推行自強運動的起始年代（西元1860年代）作爲現代化研究的開端。

〔註 3〕江豐〈徽派版畫史論集——代序〉《徽派版畫史論集》（安徽：人民出版社，1984年）。

〔註 4〕潘元石〈中國版畫史大事表〉，《中國傳統版畫藝術特展》（台北：行政院文化建設委員會，民國74年），頁308。

〔註 5〕同上。

技術革命的內涵顯得微不足道，但是明末的中國人在面對工藝技術瓶頸時，其應對模式是值得探討的。將這段歷史一併觀察，可藉以瞭解傳統版印在開創最高成就之技術的過程中，承受的改革壓力及因應模式，並瞭解其回應挑戰的模式是否已經朝技術現代化的方向前進。還是更強化中國傳統手工藝技術的保守風格，致使中國傳統圖像版印技術在清季自求突破的失敗，其徵兆是否在明季已現端倪？從明末到清末作一體的觀察，顯然有其意義。

基於上述理由，本文的年代斷限，是以中國傳統圖像版印技術最高成就之明末爲起點，大約起於西元 1600 年，並以清季的 1900 年爲下限，理由是本文既然以傳統與現代工藝（工業）技術交會關係爲探討範疇，希望從此項「傳統最高成就之技術」在清季的流變中，找尋它的去向。我們知道，明末所完成最高技術成就的傳統圖像版印技術，是最忠實於原畫的「複製」技術，其功能目標和現代照相製版技術相似，只不過它是以傳統方法所完成。然而西洋先進的照相製版技術在清末輸入之後，中國這項傳統的複製技術並未消失，且在清末反而有復甦的現象。例如北京有名的書畫商店「榮寶齋」，係創立於清光緒二十年（1894）。初爲南紙店，1907 年起附設作坊，刻印各種信箋、請柬等；上海有名的書畫商店「朵雲軒」則創立於清光緒二十六年（1900），它們都是運用明末開發完成的餖版和拱花彩色套印技術，複製圖畫及詩箋等木板水印作品〔註 6〕。從這種現象我們可以瞭解，在西洋提供可替代技術的選擇機會下，中國傳統技術在清季的復興，其在工業技術史上的意義與明末是大不相同的。在 1900 年左右復興的傳統技術，它是屬於「藝術性」、「休閒性」的。在生產的類型上，它已由「工業技術」褪入「工藝技術」的範疇，純爲藝術玩賞之用。此後的發展已不屬於本文的討論範圍，所以本文以西元 1900 年做爲問題探討之年代的下限。

〔註 6〕雄獅圖書《中國美術辭典》（台北：雄獅圖書公司，1989 年），頁 416。

第二章　雕版印刷技術的發展

第一節　雕版技術之流行

雕版印刷術是中國古代的偉大發明，它對保存與傳播文化有重大的貢獻。此項技術的發明，可能早於西元八世紀〔註1〕。然而在往後大約一千年間，中國的印刷方法並沒有多大的改變。當中，唯文字印刷曾突破「雕版」的形式，在宋朝以後，嘗試使用「活字」版。至於圖像印刷，則大致很穩固的維持木雕版的形式〔註2〕。

木雕版畫的製作方法，與一般書籍的雕版印刷過程一樣；先把手稿謄寫到薄紙上，謄寫好的薄紙面朝下，放到施過米漿的木板上。用棕毛刷在紙背上輕輕拂拭，使紙上的墨蹟轉到木板上。薄紙乾後，用指尖和毛刷輕輕地磨掉背面一層，使露出翻轉上板的字蹟和圖畫，然後加以鐫刻。雕版時，用雕刀沿著墨蹟四週刻出線條，然後鑿去不著墨處。換言之，就是把版上黑色線條浮雕出來。印版刻完並清洗乾淨後，將它固定在桌上，用圓墨刷沾墨汁，輕輕塗在浮雕面，然後立即覆上紙張，用長刷或耙子在紙背輕輕刷動，紙面就會印出字蹟或圖畫的正像。隨後把紙揭下陰乾。這樣一張張地重複印刷。印完後保存好印版，要加印時可隨時取出再印〔註3〕。

〔註1〕李約瑟《中國科學技術史．紙和印刷》（上海：上海古籍出版社，1990年），頁131。

〔註2〕甚至在文字印刷採用金屬活字排版時，與文字同在一個版面的插圖，卻仍然使用木雕版印刷，例如1776年所印製，介紹活字製法及其印刷工序的《武英殿聚珍版程式》，以及1728年印的大型類書《古今圖書集成》，儘管這部書用銅活字排版，但是其中各個部分的數千幅插圖依然採用木刻。（李約瑟《中國科學技術史．紙和印刷》，頁239～240）

〔註3〕摘錄自李約瑟《中國科學技術史．紙和印刷》，頁174～178。

一、傳統雕版的再版價值

衡以現代印刷，木雕版印實爲極度原始，它缺乏現代印刷術必備的「機械」與「化學」的基本要素，整個製作過程沒有任何神奇之處。是什麼理由使這種原始的技術陳陳相因千年之久？是否傳統社會沒有提供技術改革的壓力？在古代，由於木雕版一併適用於文字與圖像印刷，爲釐清前述問題，先探討文字印刷與木雕版的關係是必要的。

中國的文字印刷，在採用木雕版之後，又陸續有各種活字版的發明。然而活字的使用，卻一直沒有木雕版普遍。對雕版成爲中國文字印刷主流的原因，提出解釋者不乏其人。有人說：「綜觀明清年間我國的印刷方法，仍多以木板印刷爲主，這可能是因爲需用的印數無多，而我國人力無邊，且木刻印刷亦至爲精美，並含有藝術性質的原故〔註4〕。」這個說法對歷史的粗略認識有助益，但是其解釋並不夠嚴謹、明確。

另有人透過文字結構，探討中西方「雕版」與「活字」分途發展的原因。例如印刷史學家卡特（T.E. Carter）即認爲：由於西洋文字是由數十個字母組成，中國之文字，則爲四萬餘之單字所合成。前者只要製作少數活字，就可以反覆排版印刷各種文件，後者則沒有這種方便性。因此，活字版對拼音文字有較大的吸引力，而雕版印刷則較適合漢字的書寫體系〔註5〕。我認爲這種解釋也不夠周延。蓋拼音文字的特性，固然是西洋採用活字印刷的充分條件，然而非拼音文字的特性，卻不能做爲中國非採用雕版印刷不可的理由，因爲雕刻四萬多個中文字固然是一大工程，但是將每一本書分別雕刻印版，其工程亦甚浩大。因此，雕刻的繁簡，不能做爲木雕版印刷保持穩固地位的完全解釋。

針對前述問題，另有一種從「印刷」角度作的解釋，喬衍琯可爲代表，他說：

> 活字印刷術，雖然早在宋代就已通行了，可是我國印刷，仍以雕版爲主，直到西洋機械印刷術傳入，才取代了刻書。這原因很簡單，若是只印一次書，活字自是省事省力。可是古代造紙用人工，既不易大量生產。交通和傳播，又遠不如今日方便，書印多了，很不容易處理掉，所以一次無法印得太多。盧前在書林別話說通常一次只印三十部。活字本應會印的多些，古今圖書集成的銅活字本，一說印了一百部，一說只印

〔註4〕楊暉《照相製版與平版印刷的原理與實用（上）》（台北：台灣商務印書館，民國54年增訂版），頁8。

〔註5〕李約瑟《中國科學技術史‧紙和印刷》，頁7。

了六十三部。當然這部書太大，可是當時也正值滿清國力最充實的時期，數量也不能多。乾隆時印武英殿聚珍版叢書，用木活字印，印了多少沒有紀錄，可是去今不過一百多年，早已罕見流傳了。後來各地覆刻的，名稱仍舊，卻都用雕版〔註6〕。

上述理由也仍然不夠充分，蓋每次排版印刷冊數不多，固然不符活字排版的運用效益，但是如果要印刷一些不需要再版的書籍，例如曆書、家譜、名不見經傳的文人應酬文章，尤其是官報的印刷，因爲印刷的冊數不多，用活字印刷絕對比雕版印刷節省成本，也正因爲要滿足這些沒有再版需要的印刷，才使得活字版發明後持續被使用。

然而爲何在活字發明以後，雕版印刷使用量一直超過活字印刷？理由之一是雕版具備不斷「再版」的價值，理由之二是中國人「崇舊尚古」，古典名著和欽定科舉專用經典，都有不斷再版的需要。這才是維繫雕版印刷術的主要力量。從上述得知，中國古代的文字印刷，木雕版與活字版各有功能範疇，木雕版印技術的維繫，則與古典知識的長久停滯性有關。

二、圖像版印的量產需求

過去許多學者在談到中國古代爲何固守木雕版印時，還認爲由於中國雕版每次只印刷數十份，所以木質雕版已足資使用。事實上，印刷不足百份是儒學文字版印的專屬特質，因爲一般書籍只以少數知識份子爲發行對象，並不需要大量印刷。但是圖像印刷的數量則相當龐大，例如清代盛行的年畫，由於它的對象是廣大的社會群眾，因此通常每一版年畫都印刷達數百份以上。

更早期的宗教性版畫，發行量尤其龐大。例如公元十世紀時，吳越王錢俶雕版印行的《陀羅尼經》，每一版印數爲八萬四千份。又據說高僧延壽就印過十四萬份《彌陀塔圖》。此外，還在帛上印過二萬幅觀音像。《法界心圖》也印了七萬份〔註7〕。宗教性版畫除了用以向廣大文盲宣傳，還用以向鬼神獻納以祈求平安〔註8〕，這種向鬼神獻納之印刷品是多多益善的。而且祭祀用印刷品還具有「用之

〔註6〕喬衍琯、張錦郎編《圖書印刷發展史論文集續編》（台北：文史哲出版社，民國68年），（序）頁3～4。

〔註7〕李約瑟《中國科學技術史・紙和印刷》，頁225～227。

〔註8〕向達在《唐代刊書考》一文中引唐義淨《南海寄歸內法傳》，〈灌木尊儀〉道：「造泥製底，及拓模泥像，或印絹紙，隨處供養，或積爲聚，以磚裹之，及成佛塔，或置空野，任其消散，西方法俗，莫不以此爲業。」（向達〈唐代刊書考〉，《歷代刻書概況》〔北京：印刷工業出版社，1991年〕，頁9）昌彼得在《我國歷代版刻的演變》

即捨、以焚燒做獻納」的消耗品性格，其生命週期最短，因此，其重覆大量印刷的需求也就最大。事實上，中國最初發明印刷術的原動力，就是來自宗教「迷信」印刷品的大量需求。此後，隨著理性主義的發展，到了明代，宗教畫已趨於式微。

誠如上述，早期宗教印刷品數量相當龐大，但是，所使用的仍然是木雕版。中國後來終於使用金屬雕版，主要是用於「紙幣」印刷，因爲紙幣的印刷術量又要遠高於早年的宗教品印刷。「宋、金、元」各代及「明初」都曾大量印製紙幣，動輒上百萬張，例如宋代印刷事業很發達，除全國各地雕印書籍外，印刷品中數量最龐大者爲紙幣〔註 9〕。當時，專門生產印造鈔票用紙，就有一千二百人的造紙工廠，規模可謂不小〔註 10〕。益州在天聖元年（1023）設交子務，自二年二月始，至三年二月，即印交子（紙幣）一百二十五萬六千三百四十貫〔註 11〕。又如元代紙幣的印刷數量，有人估計，自中統元年（1260）至泰定帝元年（1324），票面額總數達二十三億八千零五十六萬三千八百兩。平均每年發行額達三千七百萬兩以上〔註 12〕。另如明代，南京寶鈔局即有鈔匠五百八十名，在局印製鈔票。單是洪武十八年（1385）二月二十五日起，至十二月天寒止，所造鈔共六百九十四萬六千五百九十九錠〔註 13〕。

由於歷代紙幣印刷數量異常龐大，採用耐印的銅版是必要的。因爲木雕版印刷容易磨損印版，前後印刷所得的紙幣規格不統一，有僞鈔出現時，眞僞不易辨認。因此過去雖然也有採用雕琢後的「木版」來印刷，但絕大部分的紙幣都是利用「銅版」印刷〔註 14〕，宋、金、元、明四代用銅版印刷鈔票，不特有文獻可徵，並且有四代銅鈔板及寶鈔實物流傳〔註 15〕。

紙幣印刷對中國古代印刷技術的貢獻，除了促進金屬製版的使用，也是帶動彩色印刷技術的原動力。中國彩色印刷之普遍使用始於明末，但是至少開始於北

一文中說：「佛教自東漢明帝時傳入我國，歷南北朝而大盛。佛教有功德的說法，當時的信徒紛紛建立塔寺，雕造佛像，及繕寫經咒施人，以報功德。」（昌彼得〈我國歷代版刻的演變〉，《圖書印刷發展史論文集》〔台北：文史哲出版社，民國 64 年〕，頁 172）。

〔註 9〕張秀民《中國印刷史》（上海：人民出版社，1989 年），頁 207。

〔註 10〕同上，頁 227。

〔註 11〕同上，頁 207。

〔註 12〕同上，頁 328。

〔註 13〕同上，頁 530。

〔註 14〕潘元石〈中國版畫史〉，《雄獅美術》，第六十一期（民國 65 年 3 月），頁 140。

〔註 15〕張民（張秀民），〈明代的銅活字〉，《圖書印刷發展史論文集．續編》，頁 82。

宋末年的三色紙幣「錢引」〔註 16〕。彩色在紙幣上的使用是爲了提高印刷的困難度，以防止僞造，正如紙幣上的圖案花紋設計得很複雜，紙張是特製的，上面還要以各種彩色附加簽名和印章，對僞造的處罰又很重。這一切無非都是爲了防止僞造〔註 17〕。

很遺憾的是，明朝中葉以後，爲了抑制通貨膨脹，廢止了紙幣印刷。十五世紀以後，紙幣幾乎不再通行了〔註 18〕。由於紙幣是中國套色印刷與金屬印版的前導，因此，紙幣的廢止對圖像印刷技術的改革帶來了負面作用。

由前述得知，大量的宗教與紙幣印刷，在明末之前都已消退了，因此，「大量生產」對技術改革的誘因，也在明末之前就消失了。就常理判斷，理性思想的抬頭、資本經濟的發展，對科技的發展都具有正面的意義，但是就入明以來圖像版印技術的改革而言，卻未產生正面作用。

不過若因此而說中國圖像版印技術千年毫無進步，則又是違心之論，例如套色技法，在明末便有長足的進步，只是明末的技術改革並沒有超越木面木刻的範疇。莫非中國自成一格的木面木刻，除了已經消失的大量生產需求之外，沒有碰到其他的困境，去逼使人們力求改善？

三、傳統畫風對雕版的影響

首先值得注意的是，圖像版印在古代並非獨立的藝術形式，它只是手繪圖畫的替代品，如何忠實複製手繪圖畫是其主要目的，由於中國古代的版畫，繪稿者與刻板者是分工的。一般的刻工，都非常忠實於畫稿，達到所謂「鬚眉撇捺任依樣」的地步。繪、刻「兩者皆默契」，總是被書坊主人看做必要的好事〔註 19〕。因此，版印製作並沒有自由發揮的空間。然而，中國繪畫一向流行「線描法」，以毛筆做「線條」的表現，線條的作用是勾描出形體的範圍，以及不同區域間的界線。線描法是最節省筆墨的繪畫方式，但是版印要複製圖畫上的墨色線條時，必須採用陽刻法，將需要的線條雕成凸線，並挖除輪廓內外的全部板肉，由於「木面木刻」在雕版時，是順應木材縱剖面的紋理進行，甚便於多餘板肉之去除。因

〔註 16〕燕義權〈銅版和套色版印刷的發明與發展〉，《中國圖書史資料集》（香港：龍門書店，1974 年），頁 546。

〔註 17〕李約瑟《中國科學技術史．紙和印刷》，頁 88。

〔註 18〕同上，頁 89。

〔註 19〕王伯敏〈中國古代版畫概觀〉，《中國美術全集繪畫編．版畫》（台北：錦繡出版社，1989 年），頁 14。

此「木面木刻」乃成爲中國雕版的傳統〔註 20〕。

從上述得知，中國傳統圖像印刷固然承襲「木面木雕凸版」的傳統，但是「木面木雕凸版」的採用，又受制於「線描繪畫風格」的傳統。由於繪畫風格的侷限，中國雕版工匠從事圖像複製時，沒有將筆繪的「陽線」轉換爲刀刻「陰線」。因爲這種轉換會使複印出來的線條由手繪的黑線轉變成印刷的白線，這並不符合中國繪畫的傳統，因此中國雕工只好採用製作時比較費工的「陽線」雕法。

從基本上看，在雕版階段，「木面木雕凸版」固然是比「木口凹版」省力的選擇，但是卻相當不利於「印刷」工作的進行，因爲在印刷過程中，木面版上凸出的線條很容易崩碎，而且凸線也易將紙張弄破。這個缺點是傳統雕版的致命傷〔註 21〕。這項缺失，中國印刷工匠是以「減輕印刷時的力道」來避免印版線條與紙張的損毀。此種輕刷技巧的運用，如卡特（T.E.Carter）所說：

> 中國之印刷術，故無所謂印也。印書用之薄紙，僅能微與接觸，壓按稍重，紙即破裂。印刷匠右手執二刷，二刷之間連以一柄；一刷蘸墨拂於字上，然後覆紙雕版，用乾刷在其上輕輕拖過，書即印就矣〔註 22〕。

輕刷技巧不但紓解了凸線雕版在印刷上的困境，也強化線描傳統在雕版上的應用，因爲使用輕刷法時，若要以顏料印出「塊面」效果，印出後往往墨色不足，效果不佳（圖 1、2、3）。所以古代版畫，多以細線雙勾，雕出凸線，以求畫面清晰，形象分明，輕重均勻（圖 4、5）。對於留著大塊黑版的作品，往往嫌其「粗率」，甚至有人以爲「不入大雅之堂」〔註 23〕。而線條的大量、細密雕鏤，在視

〔註 20〕雕版選材分木面木刻與木口木刻二種，木面木刻是以木材的縱剖面作版材，東方多採用之；而木口木刻則是利用木材橫斷面，版材選擇較爲嚴格，且雕刻不易，所使用的雕版刻刀類似銅版畫推刀與排刀，與木面木刻不同，東方極少採用。18 世紀中期英國出現木口木刻以來，一直爲歐美的傳統。這是由於西洋繪畫重視圖像的光影與體積。畫法是用平塗直接顯現整個圖像，輪廓則是隨圖像的凸顯而自然出現。以木版複製西洋圖畫時，其輪廓的形成是使用陰刻法，整個版面除了輪廓以外，全部加予保留，因此版面下刀數不致太多，需要去除的板肉比較少，這是他們願意採取耐印卻難雕的木口木刻的原因。中國的情形剛好相反。

〔註 21〕中國在明末以來，尤其是入清以後，圖像版印最主要的表現即在於套色印刷。而凸版印刷即使到了現代，仍然是套印最不方便的版種，致使它在彩印方面受到很大的限制。（楊暉《照相製版與平版印刷的原理和實用（上）》《台灣商務印書館，民國 54 年增訂版》，頁 18）。

〔註 22〕卡特（T.E.Carter）著、向達譯（中國印刷術之發明及其傳入歐洲考），《北平北海圖書館月刊》，第二卷，第二號（民國 18 年 2 月），頁 106。

〔註 23〕王伯敏〈中國古代版畫概觀〉，《中國美術全集繪畫編．版畫》（台北：錦繡出版社，1989 年），頁 14。

覺效果上，適足以替代、彌補無色彩的缺失，並維持清晰的印刷效果。

輕刷的技巧維繫了中國「木面木雕凸版」印刷的傳統，相對的，也排除了技術改革的驅力，中國近代印刷技術之所以落於西洋之後，由此或已可見其端倪。舉例來說，印刷機的改良是現代與傳統印刷技術的重要差別。中國傳統版印事實上只算是純粹的手工藝技術，爲什麼中國沒有印刷機械的發明？我們發現，印刷機械不論採用何種能源來驅動，早期以來曾出現的印刷機不外「平壓機、圓壓機、輪轉機」三種類型，其共同的特點都是要求版面平整，印刷時使用機械力量對版面施以相當的重壓，以便將墨料轉印到紙面。中國傳統的版印技術是否有與印刷機械相通的「壓印」工序？西洋傳統印刷又是否含有「壓印」的工序？將「印刷」一詞由文字的含意上做解釋，可以對此問題獲得基本認識。「印刷」一詞的英文翻譯名是「PRINT」。「印刷」與「PRINT」的中英文之辭意並不相同，中文的辭意強調「輕刷」的觀念，英文的辭意則強調「重壓」，蓋「PRINT」意爲「（用模型）壓緊製作的東西（牛酪等）」，中文之「印刷」則無壓緊之意味，反而是輕刷之意。中西版印實作的技術，也完全符合兩者在辭意上的分野。先就西洋來說，西洋版印慣用陰雕法，此法甚便於金屬製版，然而陰雕金屬印版唯有用重壓才能將凹線裡的顏料印到紙面上，甚至「木口印版」也必須用重壓才能夠顯現細微的凹線。相反的，中國傳統版印並不必要，也不容許使用重壓，因爲凸線版只要輕輕一刷，即可順利轉印完成，重壓反而會破壞印板上的凸線。上述中西印刷觀念與實務上的差異，對是否能啓發印刷機械的萌芽，似有其決定性作用。

當然，機械的發明，初不必然源自印刷的需要；僅憑「壓印」一途，也不足以蘊釀出整套的印刷機械。但是，我們也不容否認，中國「刷印」的歷史傳統，與機械印刷觀念之距離更爲遙遠，因此更不利於印刷機械的萌芽。

前面曾提及，中國古代圖像版印旨在「複製」圖畫，而繪畫的「線描」傳統又影響了版印的風格。唯中國的繪畫與版印有朝「山水、花鳥畫」及「人物畫」分途發展之勢，版印技術的停滯與此現象也有關係。蓋中國繪畫在唐、宋以後盛行「山水」與「花鳥」，「人物畫」則已見衰。然而版畫卻以人物畫爲重點，其涉及的範圍，幾乎囊括了古代社繪的各個方面〔註 24〕。誠如周蕪所說：

> 中國的繪畫史表明，自宋以下人物畫是不算發達，比起山水、花鳥畫家來，人物畫家是寥寥可數。若以古本書的插圖而論，則大爲不然。

〔註 24〕范志民〈枯木逢春花爛漫．中國古代版畫插圖析賞〉，《中國美術全集繪畫編．版畫》，頁 18。

特別是歷史人物故事、文學、戲曲、小說書中的插圖，因爲講的都是人的事情，所以插圖也都是人物畫。所謂左圖右史、上圖下文、扉頁畫、卷首圖、文中圖、單面圖、雙面圖或多頁連式、無一不以人物爲中心鋪陳襯托，造成人間相，寄託作者的思想感情，愛好和趣味。所以說，古代插圖藝術是中國人物畫的一個寶庫〔註25〕。

傳統圖像版印以「人物畫」爲大宗，尤其又以明代爲最盛，然而在文人眼中，山水畫卻要比人物畫來得重要。明代繪畫的流派，如院派、浙派、吳派，表現題材都以山水爲主，如果畫的是人物，也往往在畫面上有意無意地加上山水、花鳥、樹石的背景，有時「人物」不過成爲山水畫的點綴而已〔註 26〕。即使到了清代，書畫藝術也仍以山水、花卉佔主要地位。

中國繪畫朝山水、花鳥畫發展時，繪畫技法每有新創，潑墨山水、渲染繪畫、沒骨畫法都是對線描傳統的超越。若謂圖像版印是繪畫的複製，顯然在明末以來，傳統圖像版印的主流並未緊追繪畫的時尚風格，因而未能襲取繪畫對線描傳統的超越。而由於傳統圖像版印固守畫壇已趨沒落的人物畫，其品質優劣未能引發最富批判精神的文人之關注。因此，不善於細緻肌理與表情神態表現的木面凸版技術，乃得與粗疏的人物畫雕製形成穩固的結合。試以明《十二寡婦征西圖》版畫爲例，它是用以表現楊家男子都爲國捐軀，只剩下十二個寡婦在佘太君率領下抗擊侵略軍〔註 27〕。由畫面上看，這十二位似應娶自不同家族的女人，竟然全部長成一個模樣，大大不似婆媳、妯娌，反而像似母女、姊妹（圖 6）。這種情形，在入清以後，廣泛流行的年畫也是如出一轍（圖 7、8）。從另外的角度來看，不重視顏面細部描繪是中國人物化的特色，並不足爲奇。但是我們也不容否認，這種繪畫風格的維持，剛好免除了人物顏面細緻肌理與表情神態刻畫的需求，中國木雕版印技術的停滯與此當有關係。

四、西洋畫風對明清之際雕版的影響

從以上所述得知，中國傳統畫風並未提供木雕版印技術變革的顯著壓力，倒是明清之際中西文化交流時，西洋繪畫風格與銅版畫的輸入，對中國版印技術的影響作用值得留意。明朝末葉，西方傳教士東來，除利用學術吸引知識階層外，

〔註25〕周蕪《中國古本戲曲插圖選》（天津：人民美術出版社，1985 年），頁 16。
〔註26〕莊伯和〈明代小說繡像版畫所反映的審美意識〉，《明代版畫藝術圖書特展專輯》（台北：中央圖書館，民國 78 年），頁 270。
〔註27〕見周蕪《中國古代版畫百圖》（台北：蘭亭書店，民國 75 年），頁 89。

並藉圖畫和書籍中之版畫迎合中國人愛好藝術的心理，以達其弘揚教義之目的〔註28〕。西洋版畫於明末輸入，至於其製作技術，自清代康熙年間（約當時十七世紀）即已傳入中國，但最初尚掌握在歐人之手。至乾隆時（約當十八世紀）所印的圓明園圖，方是國人自刻的銅版〔註 29〕。除了圓明園圖之外，宮廷造辦處的中國雕刻師也鋟刻了乾隆平定大小金川、台灣等武功圖〔註 30〕。此時由西洋輸入的銅版技術，與中國過去印製紙幣的銅版並不相同，中國過去印製紙幣，是將銅版製成凸線雕版，此時西洋輸入的銅版，是製成凹線雕版，前者是讓凸線著墨，後者則是讓凹線著墨以印刷，唯兩者印出來的都是墨線。但是西洋銅凹版以細針刻畫，能表現出很理想的塊面與陰影效果，這是中國印製紙幣的銅版所不能企及的。其實，金屬凹版技術更能發揮中國「線描」的傳統，但是這項技術並沒有在中國持續流行。

早期西洋銅版技術移植中國之後，爲何沒有持續流行？其原因不在於雕版困難，畢竟清廷的工匠也學會了這項技術，但是銅凹版印刷的配合條件卻非此時中國工藝生產所能齊備。蓋此技術的運用，除了要具備極爲平整光滑的銅版，紙張品質也有特殊要求，用中國的紙張印刷銅版圖畫時，紙張易於起毛，難得光潔，而且一經潤濕，每每黏貼版上並且破碎，因此並不適用。其次，銅版印刷所用的油墨更難調色。倘不得其法，銅版的細紋因油水浸潤不勻，圖像必至模糊。以法國工匠於乾隆時期爲清廷印刷的《得勝圖》爲例，法國工匠所用的調色顏料，不是普通的黑墨，而是用一種法國葡萄酒渣，如法熬製煉成的，如果使用一般的黑墨，不只是摹印不眞，而且容易損壞銅版〔註 31〕。

中國在清初不但雕印了銅凹版圖像，更將此技法轉移到木雕年畫上。當時，桃花塢和楊柳青都曾一度運用流傳自海西的所謂「凹凸丹青法」，出現了一批仿西洋銅版畫式樣的年畫〔註 32〕。年畫尚且有明記如「倣泰西筆法」、「倣泰西筆意」或「倣大西洋筆法」等題字者。所謂「泰西筆法」，即在年畫上強調焦點透視，加強畫面上物體的遠近感覺和明暗的對比效果。同時又強調描繪各種物體的等角投影，使畫面產生強度的空間立體感。然而這類風景版畫上的透視遠近法，

〔註28〕蕭麗玲〈明末清初傳入的西洋版畫〉，《歷史月刊》，第十六期（民國 78 年 5 月），頁 84。
〔註29〕陳慶〈圖書版本的名稱〉，《圖書印刷發展史論文集．續編》，頁 188。
〔註30〕張秀民《中國印刷史》，頁 578。
〔註31〕莊吉發〈得勝圖．清代的銅版畫〉，《故宮文物月刊》，第二卷第三期（民國 73 年 6 月），頁 109。
〔註32〕謝克〈我國的木版年畫〉，《藝術家》，第一二九期（民國 75 年 2 月），頁 50。

並不如西洋銅版畫顯著，大部分的風景版畫，一如「姑蘇萬年橋圖」，只停留在傳統俯瞰構圖上，加上若干透視畫法的程度，仍多不明消失點之處；陰影法亦然，家屋、橋等雖加陰影，做精細立體描寫，卻不見點景人物在地面上的投影，光源亦全然不明瞭（圖 9）。這種對西洋繪畫特質的簡化，不只是中國年畫製作工匠予以踐行，甚至服務清宮的西洋畫家，如郎世寧的繪畫，也做了折衷式的轉變。郎世寧的山水林木，畫法比一般中國畫家具體、清晰、明確，但光與影、明與暗方面，則被減至最低程度，與眞景仍有一段距離。這樣的畫與西畫並不完全相同〔註33〕。這種經過簡化的西洋繪畫，中國傳統的木雕版已足以供作複製工具，因此，傳統技術並沒有力謀革新的需要。換言之，明清之際，西洋特具寫實效果的繪畫在輸入後，由於寫實特質的減損，其原本可能構成對中國木雕版改革的壓力，也因而削弱了，所以中國的木雕版印技術乃得以屹立不搖。

第二節　傳統版印品質的極致

社會需求是刺激工業技術改良的重要原因。前面提過，中國早在宋、元及明初即有紙幣印刷，由於紙幣需求量非常龐大，於是激發「銅版」之使用。但自從紙幣停止發行之後，明代流行的戲曲、小說插圖與書畫譜等，成爲中國圖像印刷的主流。惟由於這種插圖只是文字的附庸，其發行以文人爲主要消費對象，而文人只佔人口的絕對少數，因此，明代插圖出版的種類雖然繁多，但每一版的需求量已遠低於過去對紙幣的需求，因此，明末圖像版印技術改革的重心，不在「產量」，而在印刷品之「色彩」表現效果，「彩色」於是成爲向原有技術挑戰的主要壓力來源。事實證明，中國最成熟的彩色印刷技術，也正是在明末發展完成，它由單墨色線條印刷，演變到多色線條的套版印刷，又從「色線」的套印，演變到「色面」的套印。

一、明末套版技術的發展

不過，誠如雕版技術爲文字與圖像版所共需，色彩的運用也爲文字與圖像版所共需。套色印刷在明末的流行，不僅爲了滿足圖像印刷，也通行於文字的印製。明末文人盛行「評點經史」，書商常集諸家的評點與原典分色印刷，以方便讀者

〔註33〕陳英德〈我的油繪年畫．兼概言中國年畫的傳統與演變〉，《雄獅美術》，第二〇四期（民國 77 年 2 月），頁 77。

區分本文及各家的評點。套色印本把正文和評點分色套印，不需註明，讀者一覽而知。由於評點者往往不止一家，所以產生了多色套印本，一色代表一家批注或評點〔註 34〕，顏色使用有多達六色的。由於文字與圖像雕印經常是同一批工匠，因此，「經史評點」套印技術對圖像版的套印應有所助益。所不同者，文字版對色彩的運用，以多色線條的套版爲已足，圖像版則從「色線」的套印，又發展到「色面」套印。

先就「色線」印刷來說，最早的彩色圖像與文字印刷，都是用很原始的方法複製的。它是在同一塊板面雕刻，用不同顏色印刷不同部位，可稱爲狹義的套色印刷〔註 35〕。這種賦彩方法又可以稱爲「一版多彩法」，或稱爲「一套多色法」。其運用方式，更明白的說，是在一枚板木上，同時以彩筆塗上各部分之色彩，然後一次印刷而成〔註 36〕。例如明末程大約所編印的《程氏墨苑》，部分畫幅就是用此法印成。但是這方法比較複雜，困難也多，同時要用好幾枝彩色筆在木刻畫上塗抹，如果相隔的時間過久，則早時塗染上去的某種彩色就已乾燥，印刷不出來了。故常常有或濃或淡，時潤時枯之失〔註 37〕。針對上述缺失，乃進一步有套版印刷的使用。此法是把各種顏色雕在不同的板上。印刷時力求相關部位密切吻合，印在同一張紙上，稱爲「套板」。此法由於是每一色使用一板，將不同色依序套印而成，因此不會產生一板多彩法的缺失。以文字版的印刷來說，明萬曆之後，吳興閩氏、凌氏，以及清代官私雕印的套色印本，多採這一方式〔註 38〕。就圖像印刷來說，明末雕版名家黃一明雕印「風流絕暢圖」，也就是使用此法印成。然而無論「程氏墨苑」的一板多色，或是「風流絕暢圖」的多彩套印，兩者都是線條的色彩化而已，有色彩者只是輪廓線，顏面和衣服等的內面仍是留白。究其原因，它是從墨版演進而來。因爲墨版版畫，主要是以線來表現，缺少面之表達。所以，開創期的多彩套印版畫，就承襲了墨版版畫的線條表現形式，只是把墨色線條改爲彩色線條而已〔註 39〕。

〔註 34〕嚴佐之《古籍版本學概論》（華東師範大學，1989 年），頁 66。

〔註 35〕喬衍琯〈套色印本〉，《古籍鑑定與維護研習會專集》（台北：古籍鑑定與維護研習會，民國 74 年），頁 227。

〔註 36〕王秀雄〈中國套色版畫發展史之研究（一）·唐至明代套色木版畫之演進〉，《師大學報》，第三十期（民國 74 年 6 月）頁 578。

〔註 37〕鄭振鐸、李平凡《中國古代木刻畫選集》（北京：人民美術出版社，1985 年），第九冊，頁 63。

〔註 38〕喬衍琯〈套色印本〉，《古籍鑑定與維護研習會專集》，頁 227。

〔註 39〕王秀雄〈中國套色版畫發展史之研究（一）·唐至明代套色木版畫之演進〉，《師大學報》，第三十期，頁 579。

以上所說「色線」套印，正如前面曾提及的，它是文字與圖像版印的共同現象。明末圖像版印領域對新技術的獨特貢獻當爲「色面」的印刷技術。此項技術的使用，就目前所知，要以胡正言〔註40〕所開發成功的彩色渲染印刷最引人注目。在胡正言刊印《十竹齋書畫譜》〔註41〕與《十竹齋箋譜》〔註42〕之前，中國的彩色印刷還未曾用於渲染繪畫之複製，胡正言的書畫譜與箋譜，非但首創色面的渲染印刷，而且達到與原畫「亂眞」的理想效果。此後中國木刻畫的基礎才完全奠定下來〔註43〕。

明代以前的版畫，以插畫性質者居多。如佛教版畫、戲曲版畫以及實用書籍類版畫等，都是作爲刊本圖解用的插畫，非純粹以觀賞爲目的。然而，明代以後，逐漸出現以純粹觀賞爲目的之藝術性版畫，那就是畫譜。在《十竹齋書畫譜》之

〔註40〕胡正言字曰從，生於萬曆十年（1582），原籍安徽休寧人，休寧古名海陽，所以他在作品中自署地望俱冠「海陽」。休寧也是極富文化藝術氣息的地方，所產製的筆墨紙硯及雕刻品一直很有名。正言自幼聰穎，在家鄉環境薰陶下，從小就學習過製墨、造紙、雕刻、繪畫等藝事。（昌彼得〈中國印刷史上的畸人奇書．胡正言與十竹齋畫譜〉，《故宮文物月刊》，87期（民國79年6月），頁37）。

〔註41〕《十竹齋書畫譜》是一部中國版刻藝術舉世聞名劃時代的精美書畫集。他融匯中國詩、書、畫、印藝術爲一體，是具有中國畫民族特點的佳構。凡書畫、竹、墨華、石、翎毛、梅、蘭、果八譜，每譜兩冊，合計十六冊。每譜有序言，竹譜附寫竹訣、蘭譜附寫起手式。據統計，全譜共三百五十六頁，序、辭、引言、目錄等三十頁，畫面一百八十六頁，配畫詩字幅一百四十頁，印記二百七十餘方。除《蘭譜》以及《竹譜》所附寫竹訣外，每譜均四十幅，即一畫一書（一圖一文），約各佔其半。
一圖一文，以詩配畫，這是明代萬曆、天啓年間畫譜的顯著特點之一。當時，胡氏顓請專家畫稿，然後據此設計分版，勾摹原作，描繪刻稿，或臨摹成爲稿樣，上版鐫刻，一俟套印完成一譜之時，延請擅長書法的名士好友爲畫題詩。據查，全譜序、畫、詩作者或題寫者，達一百五十餘人。（薛錦清、矛子良〈畫苑之白眉　繪林之赤幟．記明「十竹齋書畫譜」〉，《朵雲》，第八集，頁115）《十竹齋書畫譜》大約開始於萬曆末（有程勝爲竹圖題詞記「已未秋日錄於草草庵」），知爲萬曆四十七年（1619）已開始輯集，至天啓七年（1627）始刊成。（周蕪《徽派版畫史論集》〔安徽人民出版社，1984年〕，頁17）。

〔註42〕《十竹齋書畫譜》初集四卷，胡正言選輯，明弘光元年（1645）胡氏十竹齋刊彩色套印本。卷首有上元李克恭（虛舟）敍文，他說：「昭代自嘉、隆以前，箋製樸拙。至萬曆中年，稍尚鮮華，然未盛也。至中晚而稱盛矣。歷天（啓）、崇（禎）而愈盛矣。十竹諸箋，匯古今之名蹟，集藝苑之大成，化舊翻新，窮工極變」。
《箋譜》四卷共收自「龍種」至「文佩」共三十三類，計二百八十餘幅。胡氏在此譜中大量運用「拱花」之術。即以刻好的線紋或塊面版不施顏色，而用壓印的方法，如同現在的鋼印，使線條塊面像浮雕一樣突出在箋紙上，呈現出凹凸感。這種印法，多用之於行雲、流水、博古的紋樣、禽類的羽毛、花草的莖絡，借以增強藝術的表現力。（周蕪《徽派版畫史論集》，頁18）

〔註43〕鄭振鐸、李平凡《中國古代木刻畫選集》，第九冊，頁63～64。

前刻印的書譜，有的出自當代著名畫家之手筆，有的倣前人之名作。然而，這些畫譜僅是清一色的墨版，沒有急緩輕重的筆勢與乾濕濃淡之墨韻。因此，由注重筆勢與墨韻的畫家看來，它們僅是索然無味的濃墨圖形。與此相較，《十竹齋書畫譜》之出現，不僅是把畫譜提昇到彩色的地位，並且把版畫的表現能力，推展到如同繪畫之地步〔註 44〕。

二、明末版印品質的成就

胡正言所使用的技術，主要是「餖版」與「拱花」法。「餖版」是指將畫稿依用墨的不同顏色及顏色深淺，分別雕製多塊小板，然後依次刷色，連續套印完成〔註 45〕；「拱花」是不使用顏色，純以印版在紙面上壓印出無色凹凸效果。這兩種方法都不是胡正言首先使用，但是到目前所知，胡正言是將渲染印刷與它們結合來使用的首倡者。就以「餖版」的使用來說，將其分別按濃淡虛實塗以各種顏色，印成有陰陽向背，深淺乾濕得宜的水印木刻彩色畫，要以胡正言爲創始人〔註 46〕。胡正言所面臨的技術挑戰，即來自渲染印刷的表現。爲達到理想的渲染印刷效果，先得經過周詳的準備，即是勾描畫師、雕版技師和印刷技師坐在一起，面對原作進行一番精密而認眞的分析，領悟原作者的創作意圖、創作環境和創作過程（包括工具材料的使用），深入理解作品的內在精神及特殊風格。只有這樣，才能再現原作的面貌，達到神形兼備，收到「亂眞」的良好效果。再者，由於木版水印是套色印刷，而原作的同一顏色有濃有淡，甚至還有枯筆濕筆，所以必須以色階進行分版。分版是一項大功夫，不明畫理的人無法做。擔任分版的畫師，從畫理和印刷技術著眼，決定分刻多少版子〔註 47〕。

版畫發展到餖版水印，「繪」與「刻」固然重要，所變化的主要的卻在於「印」

〔註 44〕王秀雄〈中國套色版畫發展史之研究（一）．唐至明代套色木版畫之演進〉，《師大學報》，第三十期（民國 74 年 6 月）頁 579～580。

〔註 45〕按「餖版」的詳細解說如下：『餖版』是將同一版面分別刻成若干大小不同的印版，每一塊印版代表版面的一部份，印刷之時，按照原稿設色的要求，分別刷上顏色，先後套印在一張紙上，組合成爲一幅彩色的木板水印畫。這種堆砌拼湊的印版，有如一種供陳設的食品——餖飣，所以稱爲餖版。明末胡正言刊印「十竹齋書畫譜」、「十竹齋箋譜」，就是餖版印刷的代表作，餖版也俗稱鬥版。將細小物品堆砌，如積木、七巧版之拼湊成圖案，亦稱鬥。』（李興才〈木板水印〉，《印刷科技》，4 卷 6 期〔民國 77 年 6 月〕，頁 34）

〔註 46〕周蕪《徽派版畫史論集》，頁 9。

〔註 47〕黎朗〈以刀代筆．妙品亂眞：榮寶齋及其木板水印〉，《雄獅美術》，第一六九期（民國 74 年 3 月），頁 73～74。

的問題。這是說，到了餖版套印，「印」的工作，已不再是單線單色的雕版那樣的印刷，也不能單純的看做只是增加複雜的事務性工作。就「印」的本身來看，在技術上，對紙的濕度，上彩上水的適當，以及刷印的輕重緩急等，都必須充分掌握〔註 48〕。印工必須對原畫作加以揣摩，不僅要研究起筆、收筆的特點，或墨色深淺的運用；且應顧及全幅畫面的氣韻。至於哪一色的板子先印，哪一色的板子後印，這裡頭有講究。哪一色得前一色乾了以後印，哪一色得在前一色沒乾的時候印，這裡頭也有講究。這些講究全跟畫家作畫的當時一樣〔註 49〕。其次，各種顏色的調配與使用也是一大難題，在印刷過程中，不瞭解顏色的使用方法、性能和調製的方法，就無法獲得相同的色調。

胡正言在做渲染印刷時，還使用「撢」的技術。「撢」是木刻彩印中的特殊技巧，就是在一塊版面上刷色之後，再加一筆較濃的顏色，使它能恰如其份的印出深淺不同的墨色〔註 50〕。渲染印刷需要使用「撢」的技術，是由於作畫時，一筆之中蘸有兩種顏色，畫出來的那一部份，在木刻畫中，無法分成兩色。只好在一套木版上，施加兩種顏色印出來。對此。勾描與雕版，只需標明複色的部位即可，印刷時依照標明的部位，先施主色（佔面積大的顏色），再施複色，印之即成〔註 51〕。

由上述對渲染印刷技術的描述可知，胡正言所開創的技術的確大不同於傳統的技法，他的精湛技藝，不但超越了前人，就連清代兩百多年的發展過程中，木刻彩色套印技術，也未有趕得上的。在胡正言之後，有許多木刻家想超越或頡頏他藝術上的地位，但是很少有人可望其項背。胡氏以後，最有技巧的藝人當推王概（字安節），是秀水人，在清初的時候，他和兩個兄弟王蓍和王臯一同工作。王氏兄弟所印製的畫冊也是彩色的，並附有供給初學的人用的指導文字。他們出版的書是《芥子園畫傳》，包含許多摹寫的名家的畫。但是，這一部畫傳不論印刷和著色，都趕不上胡正言藝術的精妙〔註 52〕。又例如清季同、光間有製箋譜者，

〔註 48〕王伯敏《中國版畫史》（台北：蘭亭書店，民國 75 年），頁 124～125。
〔註 49〕鄭振鐸〈覆鐫十竹齋箋譜跋〉，《中國現代出版史料．丙編》（北京：中華書局，1956 年），頁 412。
〔註 50〕沈之瑜〈跋「蘿軒變古箋譜」〉，《文物》，1964 年第七期，頁 8。
〔註 51〕王宗光〈魯迅、鄭振鐸與「十竹齋箋譜」的重刻〉，《朵雲》，第八集，（1985 年），頁 128。
〔註 52〕吳光清著、柳存仁譯〈明代的彩色印刷：插圖．評點．畫譜．書籍的衍變〉，《歷代刻書概況》（北京：印刷工業出版社，1991 年），頁 292。

然「同、光間箋製皆樸拙，亦有仿十竹齋者，而雅俗大殊，毫不足觀矣〔註 53〕。」

且不論後人手藝印刷技術趕不上胡氏的成就，縱然今日有現代化的電動機械印刷系統的良好設備，亦無法印出那種濃淡、深淺的「水印」格調及「拱花」技巧〔註 54〕。同時由於這種複製美術作品，通常要求使用與原作完全相同的墨色、彩色及紙張。只是用刻刀代替了毛筆，在雕刻跟印刷的技術上，又盡量設法不失毛筆畫的意趣，所以製成品簡直可以「亂眞」〔註 55〕。在某種程度上，其逼眞的程度甚至現代的影印也達不到，因爲影印版蝕出來的網線，不能傳達原作者筆觸的氣質和精神。加之，膠印無法重現中國筆墨意味深長的層次和色調，油墨又不能產生原作水彩的同樣效果，而攝影製版又經常會受到背景陰影的干擾〔註 56〕。換言之，在彩色印刷的領域，可以很清楚的看出，在複製水準上，胡正言在明清之際所開創的新技術，早已遠超過現代化的科技成就，因此被國際印刷史學界普遍譽爲空前絕後的技術創舉。

三、明末套版技術的現代意義

胡氏十竹齋的技術成爲空前的技術成就，然而由於難度太高，也確成爲絕後之學，明末至清末之間雖有翻刻，皆難望原版精妙之項背。以《十竹齋書畫譜》來說，直至二十世紀末葉，上海朵雲軒再以傳統的木版水印複製藝術重梓精印。全帙八譜十六冊，凡畫面一百八十幅，字頁一百七十六幅（此次重刊，新加序文、後記文字書蹟十三幅），總計繪稿和套印一千七百餘塊分版，工程空前浩繁。複製歷時三年〔註 57〕。又如北平榮寶齋於 1979 年臨摹刻製成功五代顧閎中的「韓熙載夜宴圖」，該圖全長三百四十釐米，高三十釐米，共刻板一千六百六十七塊，要印刷六千多次才能印成一幅〔註 58〕。費時八年有餘，只得三十幅，難度之高，費時之巨，絕非世界各種印刷可比〔註 59〕。

〔註 53〕西諦（鄭振鐸）〈略譚中國之彩色版畫〉，《良友畫報》，162 期（民國 30 年元月）。

〔註 54〕張延民〈論明代胡正言的木刻書畫〉，《嘉義師專學報》，第八卷（民國 67 年五月），頁 377。

〔註 55〕鄭振鐸〈覆鐫十竹齋箋譜跋〉，《中國現代出版史料．丙編》，頁 412。

〔註 56〕李約瑟《中國科學技術史．紙和印刷》（上海：上海古籍出版社，1990 年），頁 246～247。

〔註 57〕沈承志〈重刊明「十竹齋書畫譜」首次出版發行儀式記略〉，《朵雲》，第十一集（1986 年），頁 160。

〔註 58〕王宗光〈舉世無雙的木板水印．北平榮寶齋的傳統水印技藝〉，《藝術家》，第一五三期（民國 77 年 2 月），頁 152。

〔註 59〕同上，頁 150。

從前述可之，若不計成本，則單憑材料與巧匠，中國在明末新創的傳統版印技術，已足以完成精美的印刷品，然而限於製作過程的繁難，它並不具備大量與廉價生產的條件。

其次，由現代化的角度來看，明末開發完成的渲染印刷，似乎仍存有技術瓶頸。這與渲染印刷的功能及「紙、墨」的選擇有關。蓋中國古時候，名畫多半深藏於皇宮富室，一般畫家看到眞跡的機會不多〔註 60〕，爲方便入手習畫之觀摩，於是摹繪以求複本之風特盛，明末發明的「餖版渲染」印刷則提供比較便利的方法。像《十竹齋書畫譜》與《芥子園畫譜》，都是應此項需求而產生，但是這種複製名畫的版印技術卻與傳統的「紙」、「墨」緊密結合。但由於傳統版印對名畫的複製，不但要複製其筆法，還要複製其墨韻，同時也要求紙張質材之相同，唯有如此才能夠充分表達原畫的神韻，然而這種複製的特有要求，對版印技術的進一步改革，卻造成拘束作用。

蓋清季以來，現代化的圖像印刷，率以「平版」代替傳統之「凸版」，並以「機器」代傳統之「手工」。就紙張來說，中國傳統繪畫使用的宣紙，由於質料的關係，無法用於機器印刷。既然傳統版印對圖像的複製，以使用與繪畫相同的紙張爲要件，自然無法形成機器印刷的概念。其次談到版印的色料，使用水性顏料印刷是中國的傳統，它不但價格便宜，而且唯有水性顏料，才能夠複製出相同色料的原作繪畫，這是中國傳統版印的特色與優點，但是與清季西洋輸入的「石印術」相較，其技術開拓上的盲點立即顯現。「石印術」是平版印刷的原始發明，它是利用「油、水」不相容的原理設計成的技術，平版印刷並成爲以後圖像印刷的主流。平版印刷過程中，「水」只作爲防印材料，「油」才是用以印刷的顏料。因此，在實務上，除非中國有油墨印刷的傳統，否則平版印刷的原理是中國人想像不到的。

誠如前面所曾敘述，明末所開創，效果精良的彩色版印技術，並不具備大量與廉價生產的條件，這是由於它的生產主要是供應文人消費，因此小量生產已足以滿足市場所需。

四、塡彩技術的發展及其意義

與明末相較，清代對彩色版印「年畫」的需求則遠爲龐大。從消費型態而言，

〔註 60〕吳哲夫〈中國版畫（上）〉，《故宮文物月刊》，第一卷第六期（民國 72 年 9 月），頁 107。

年畫之發行是以廣大農村文盲爲對象，就人口數來說，文盲遠多於文人，因此年畫大量生產的市場潛力遠大於文人的消費。如天津楊柳青一地，即年產年畫兩千萬張以上，其中僅一家作坊，年生產量就超過百萬張〔註 61〕；山東濰縣楊家埠，全盛時期年產更多達七千萬張以上〔註 62〕。促使年畫需求大增的另一個原因，是年畫每一幅皆具可單獨觀賞的意義，消費者得單張購買，其購買力自然大增。其次，由於年畫具有以「一年」爲週期的消耗品特質，因此每一年都維持相當穩定的需求量。而且，年畫除了顧名思義，供人們年節張貼之外，也有適宜平時張貼的。例如專給人家喜慶時貼用的稱「喜屏」，如「鸞鳳和鳴」極爲民間喜事所常用。或是福壽時貼用的「喜字畫」，和另一種專給人家喪事時貼用的「壽方」。除此之外，茶食店包裝物品用的裝潢畫，茶食、水果盒或簍子上的禮紙、爆竹外面的包裝紙，中秋節供品、斗香上的花旗，以及婚嫁用的喜幡，都有雕印精美的圖畫〔註 63〕。

年畫除了有大量生產的需求，也有快速印刷的需求。一方面由於年畫除了供應喜慶等平常用途，大多有年節應景的季節需求週期，在印刷上有短期趕工的迫切性；另一方面則是爲了杜絕翻版盜印，作坊每次出版新畫樣時，都要一次趕印出相當的數量（通常為伍百份），較諸於書籍通常一次只印刷三十部，年畫每次印刷量確實相當可觀。

當然，年畫每一單幅的印刷量，只是比書籍插圖佔相對的多數，與早年的宗教畫及紙幣印刷的龐大數量，仍不能相比。然而年畫印刷有一項過去所沒有的特色，那就是彩色裝飾的要求。彩色裝飾效果是年畫廣受歡迎、大量發行的主要因素。然而較諸繪畫裡「色彩」運用之揮灑自如，傳統的木雕凸版印刷對「色彩」的複製似乎技有未逮。由於中國傳統版印採用輕刷技巧，此舉固利於線條複製，但是對色塊卻不易迅速、有效的刷印清晰。其次，中國繪畫與版印複製都慣用水性顏料，顏料塗抹於印版再轉印於紙張，由於墨層較薄，視覺效果並不甚佳，且水性顏料具快乾性，常導致印刷品的色彩不均（圖 10、11）。若要獲得理想的印刷效果，印刷過程中，刷印每一種顏色時，同一部位往往需要反覆檢查印刷效果，發現色彩不理想，要及時在相對應的木板上補塗色料，再將紙張覆蓋回去，補行刷印，如此反覆檢查、添色、補印，直到滿意爲止。這種不經濟的印刷技術，固

〔註 61〕李約瑟《中國科學技術史・紙和印刷》，頁 255。
〔註 62〕張秀民《中國印刷史》（上海：人民出版社，1989 年），頁 652。
〔註 63〕潘元石〈楊柳青版畫的藝術價值〉，《楊柳青版畫》（台北：雄獅圖書，民國 65 年），頁 13。

然可作爲二十世紀版畫藝術創作的方式，但是顯然不適合清代純商品性質的「年畫」之工業製造〔註 64〕。因爲印刷術之可貴，即在於其大量、迅速、廉價的生產特質。

清代年畫「大量生產」的需求雖然不若早期紙幣之巨量，但是在「快速生產」的要求，以及「色彩印刷困難」的情境下，對傳統版印技術顯然是一大挑戰。然而這項生產技術的瓶頸與壓力，對中國傳統印刷技術的提升，仍然沒有促進之功。

我們要知道，繪畫是一種難度頗高的手藝，它需要憑藉相當的天份，並經過足夠的學習，才能夠熟練繪事。就中國傳統繪畫來說，圖像造形的輪廓線之勾描最爲困難。基本上，圖像造形的輪廓線勾描完成，雖然未加著色，已經構成爲足供觀賞的「白描」圖畫。中國傳統圖像版印，能夠以線雕凸版墨色印刷即算完工，就是受此繪畫原理之賜。中國這項繪畫與印刷的線描傳統，在面臨彩色圖畫大量生產的需求時，無疑預留了一道方便之門。因爲傳統凸線雕版印刷，既然已經將繪畫上最困難的輪廓線印刷完成，就一幅彩色圖畫而言，它等於是已將難度最高的繪畫技術抽離，所剩下需要補充的，是只要依靠「低技術需求」的「填彩」部分。這一部份的工作不需要依靠畫家或畫匠來作，一般的婦孺也能從事。例如在楊柳青，有許多人家印刷這種年畫，在木板上刷出輪廓之後，由一些女工塡顏色，草率而成，本錢小，價錢便宜，適合一般人的需要〔註 65〕。又例如四川綿竹的年畫也是以畫工勾染爲主，只用墨線印出畫樣後即著手工描繪〔註 66〕，換言之，刻板一般只起打稿子作用。這種半印半畫的塡彩形式，其實是承襲自中國古代的傳統，例如唐、五代的木刻佛像上，就有加塗彩筆的。五代千佛名經上，有用淡墨印刷的佛像，再加工塗染筆彩；又如敦煌所發現的五代「聖觀白衣菩薩」像，下半部刻咒語，上半部刻白衣菩薩像，就有手塡彩色。有的加彩多至六七種〔註 67〕。這種印刷墨線後加塡彩筆的方法，發揮了印刷大量生產特性，也發揮了彩色富麗清快的優點，因此極受民間的喜愛，所以塡彩技法直到清末還被繼續使用。

〔註 64〕木雕版大面積著色印刷之費難，以日本的浮世繪技法爲例「拓印時最難的是拓印面積大且單色的部分，像藍色的天空或純墨色的背景，要拓印均勻很困難，據說在冬天也拓得渾身大汗。」（陳景容〈關於浮世繪的技法〉，《雄獅美術》，第六十六期（民國 65 年 8 月），頁 93。

〔註 65〕袁德星等《中華雕刻史（下）》（台北：台灣商務印書館，民國 80 年），頁 59。

〔註 66〕王樹村〈綿竹年畫見聞記〉，《中國民間年畫史論集》（天津：楊柳青畫社，1991 年），頁 99。

〔註 67〕王伯敏〈中國版畫的成長〉，《中國圖書史資料集》（香港：龍門書店，1974 年），頁 598。

另一項有利於鄉間無技術婦孺加工塡彩的原因是，供鄉間一般消費的年畫，其構圖都很簡練，色彩大都用原色，並塡重彩，不同顏色之間輪廓清楚，並流行作大色塊的對比，誠如王伯敏所說：

> 在表現上，年畫還有它強烈的特點。首先，我們瞭解到年畫在表現上的單純和明快。它用單線平塗，交待人物，處處清楚。而對於形象的塑造，非常概括而明確的交待出各個階層、各種性格以及男女老幼不同類型的特徵。所用的色彩，大都原色，有強烈的對比，而其間用墨線，或者用金線來分界，使全局彩色得到悅目和調和。一般的年畫，它套用黑、紅、黃、藍、綠、紫等六種顏色（也有用手工塗染彩色的方法），可是它的印刷效果，使人感到絢爛、熱鬧〔註68〕。

年畫構圖與設色方面，這種獨特風格之形成，是爲了符合觀賞效果的需要，誠如王遜所指出：

> 年畫的形式要完成立即把主題傳達給觀眾的任務，而同時還要有持久耐看的效果。年畫的構圖是飽滿充實的，色彩是鮮明的，輪廓清楚，而人物形象完整，主要人物是正面的，而且作大膽的誇張手法，破壞人體的比例而把頭放大，把眼睛放大，其目的是爲了傳神。破壞透視法則，把遠處畫的清晰，其目的是爲了達意〔註69〕。

另一方面，由於塡彩年畫是套版年畫的前身，上述年畫的特殊風格，既然有利於塡彩之進行，則難說此風格之形成，非長年遷就塡彩的方便性所造成，當然這種歷史的眞正因果關係尙待查考。不過，至少一般年畫「用原色」、「塡重彩」、「大色塊」等等風格，都對鄉間粗工的運用，大開了方便之門，這是不能否認的。

年畫風格遷就製作條件的例子，年畫學者王樹村曾提及娃娃年畫的生產，據他說在舊年畫中，娃娃是一個重要的內容，樣子也最多。他手邊存有的資料統計，各地刻印的以娃娃爲內容的年畫，共有三百多種，壓倒了年畫中所有的畫樣。他認爲娃娃畫所以數量大，受歡迎，原因之一是這種體裁省工節料，作坊有利可圖〔註70〕。娃娃年畫能夠省工節料，是它的構圖與設色都很簡單，套印輪廓線條之後，使用最少的色料與加工，即能完成畫作。

當然，只印出線條後即交付塡彩的生產方式，仍然有技術上的瓶頸，第一個原因是，對於需要複雜構圖的年畫，全面的塡彩有所不便，而且生產速度也有限。

〔註68〕王伯敏《中國版畫史》，頁181。
〔註69〕王遜《中國美術史》（上海：人民美術出版社，1989年），頁473。
〔註70〕王樹村〈年畫古今談〉，《中國民間年畫史論集》，頁37～38。

對於這個問題，清代三大年畫生產中心的因應方式不完全相同，山東濰坊所產年畫，由於主要供各地鄉間廉價消費，所以套印出粗獷的畫作即行發售。蘇州桃花塢與天津楊柳青，由於分處中國南北經濟繁榮區的重心，消費者對年畫品質要求高，需求量也大，它們乃採用兩全其美的生產方式，首先是將全幅年畫分色套印，套印完成後，人物頭臉、衣飾等重要部位，多以粉、金暈染，別具風味。以楊柳青年畫來說，除少部分是手繪或單線木刻者外，絕大部分是木版套色外加敷彩〔註71〕。譬如美人顏面手足處，必先塗以鉛粉，次以胭脂使色彩有變化，眉目處則用細筆蘸墨細描〔註72〕。又如人物衣折等處，雖然已經過印刷，仍多予以補描顏色，以加強彩色的裝飾效果，補套色印刷效果之不足。這種補彩工作比起純粹的繪畫來，仍然甚爲簡易，故一般婦孺也足以勝任。

上述中國傳統彩色年畫生產的方式，既能滿足大量生產的要求，又能兼顧彩色的品質，它借用傳統版印線描的方便，在分工的理念上，析釋出可引用廣大無技術勞力的工段，於每年的農閒時間，隨機投入年畫生產工作。這種勞力密集的生產模式，固然滿足了市場的需求，但是也排除了技術改革的潛在動力。

〔註71〕王樹村〈楊柳青年畫史概要〉，《中國民間年畫史論集》，頁19。
〔註72〕潘元石《美術資訊．年畫特輯》（台北：行政院文化建設委員會，民國76年），頁18～19。

第三章　技術現代化的延誤

第一節　雕版技術與石印術之競爭

中國現代化有所延誤是史學界很普遍的看法，而且已經有許多學者從各種領域和層面加以探討，並得到豐碩的成果。本文則提出一個微觀的案例，以尋找中國現代化延誤的線索。並希望由清末的科技興替中，建立科技興替與社會互動的觀察模式。而中國近代由木雕版印到石印圖像過渡的延誤，恰好能做爲我們探討的對象。

中國傳統版印技術終究被西洋技術取代，但是西洋石印術引入的數十年間，卻未能在中國推廣，這與傳統版印的技術特質有關，與當時輸入之技術的特質也有關係。

清末中西交通大開之前，中國傳統印刷以木雕版爲主。文字印刷間或使用木活字與金屬活字，圖像印刷除紙幣曾使用銅版之外，大致不出木版之範圍。到了清末，歐美新式印刷方法傳入，首先是傳教士以鉛字印刷聖經和教會書刊。後來，教育和文化事業日趨普遍，鉛印的用途，遂以承印教科書、報章和雜誌等爲主，所以鉛印對我們的貢獻，是屬於教育和文化方面的。其次傳入我國的石印，最初亦爲印刷教會書刊和翻印各種書籍之用。但是到了後來，我國工商業日漸發達，於是商標、貼頭、煙盒和廣告用的印刷品之需要大增，而這種印刷品大多數需有彩色，非鉛印所能，至銅版印刷和影寫版則又以成本太貴，唯彩色平版印刷價廉物美，最爲適用，故平版印刷轉側重工商業方面之用途。至凹版印刷，則多用於印製鈔券、郵票和印花等有價證券〔註1〕。

一、石印術之輸入及其技術特質

清季引入中國，與傳統圖像版印技術爭勝的西洋技術，即「石印術」。石印術係1796年，奧國人施納飛爾特（Alois Senefelder）所發明。石印術發明之後，由於使用方便，逐漸傳佈到世界各地，並在清末即已透過傳教士傳入中國。過去談到石印最早傳入我國者，都說是在光緒二年（1876），上海徐家匯土山灣印刷所首先採用來印天主教宣傳品，直到最近書籍論文，仍如此說法。其實在發明者施氏生前即已傳入廣東。英國教會印工麥都思（W. H. Medhurst，1796～1857）在巴塔維亞（今印度尼西亞雅加達）用石印印中文書，隨後爲了同一目的，在澳門設立一個印刷所。麥氏於1838年在倫敦出版《中國》一書中，列舉了1833至1835年的石印本書，附錄二有廣州與麻六甲印本書目。居住廣州的美國衛三畏博士在1833年說：「上季一個石印所開設在廣州，我們高興的知道它是成功地在運行。」可知清道光時廣州、澳門都有石印。中國人第一個學會石印術的，是著名印工梁阿發的徒弟基督徒屈亞昂。他跟馬禮遜的長子馬儒翰學習石印術，常在澳門印刷許多一面經文、一面圖畫的佈道宣傳品。馬禮遜在回顧他二十五年的工作時，很滿意地說：「我現在看到我工作的成效了，我們用印小書的方法，已經把眞理傳得廣而且遠，亞昂已經學會了石印術。」按馬禮遜1807年來華，卒於1834年8月，據此可知屈亞昂學會石印術是在道光十二年，即1832年左右。現存廣州石印品，最早有道光十八年九月、十月麥都思主編的中文月刊，名《各國消息》，以刊載新聞商情爲主，只出數期，連四紙石印。英國倫敦藏有二冊，每冊八頁。根據上述的記載與現存的實物，可知石印自道光初即已傳入，比一般所說的始於光緒二十年，要早四十多年〔註2〕。

石印術是平版印刷技術的一種，也是平版印刷的始祖，以後改良的各種平版印刷技術，其基本原理都與石印術無異。誠如前面所述，平版最適合圖像的彩色印刷，而且價廉物美，因此被工商界普遍採用，可見石印術的發明，對人類文明的發展甚具重大影響與貢獻。

石印術自發明以來，即被視爲圖像複製的理想媒介。石版畫的原理，乃是以

〔註1〕楊暉《照相製版與平版印刷的原理和實用（上）》（台北：台灣商務印書館，民國54年增訂版），頁12。

〔註2〕張秀民《中國印刷史》（上海：人民出版社，1989年），頁579～580。

石版石之化學變化爲基礎來製版，並應用水和油之反撥作用來施印。石版畫用以製版的石版石，是一種含多量炭酸鈣成分的天然石，表面具無數均匀細孔。在這表面上，以脂肪性的藥墨和蠟筆來描繪，然後用阿拉伯膠液，和一點硝酸的混合液來塗刷石版面；那麼藥墨和蠟筆的脂肪，會被硝酸分解游離成脂肪酸，這脂肪酸再和石版石的炭酸鈣化合，即得脂肪酸鈣。這脂肪酸鈣，具排拒水分、親和脂肪性物質的特性。此時除這描繪部分得脂肪酸鈣，石版石的其餘部分和硝酸阿拉伯膠液相遇的結果，變成具保水性的氧化鈣（也有人說是無數小細孔的物理狀態，使之具有保留水份之作用）。這樣石版的表面，有些部分（有畫的）撥水，有些部分（沒有畫的）則保水，於是利用滾筒沾油墨來輾滾，自然沒有水的地方會沾到油墨。而有水的地方沾不到油墨。在如此的版上覆蓋紙，經過普通之石版畫機壓印，就可印出一幅石版畫了〔註3〕。另有一種作法，是用富於膠著性的藥墨，寫原稿於特製的藥紙上。待稍乾後，將藥紙復鋪於石面，揭去藥紙，用水拂拭，趁水未乾，滾上油墨。石面因有水的阻力，不著油墨；其有字畫之處，則著油墨。鋪紙壓之，即印成書（畫）〔註4〕。

多年來，學術界所以會認爲石印術在1876年才輸入中國，是由於鴉片戰爭以後，直至同治末，石印術在中國的情況，因缺少記載，尚不明瞭〔註5〕。更進一步的說，應該是由於它在輸入中國的數十年間，並未被廣泛使用，因此沒有引起足夠的注意與記載。這一點是值得我們加以探討的。因爲石印術在輸入中國的初期，使用上固然不無缺點，例如需要較多的附加工作，要濕石、要清潔石板、損壞快、書籍印刷質量不穩定，或因大氣變化，或因材料損壞，書本外觀不規整、初次投資比雕版大等等。但是它還是被認爲是便捷的印刷術。蓋石印術最初由傳教士帶進中國，他們是做爲傳教的工具。其印刷品也以佈道小冊子爲多。當時來華傳教士人數很少，經費也十分有限，他們想設法降低書籍印刷成本，曾就此進行過討論。1834年10月，《中國文庫》〔註6〕曾刊專文比較了雕版、石印、活字印刷的優缺點，該文以印刷二千本中文《聖經》爲例，估計了三者所需的成本，認爲石

〔註 3〕廖修平《版畫藝術》（台北：雄獅圖書，民國78年），頁68。

〔註 4〕陳慶〈圖書版本的名稱〉，《圖書印刷發展史論文集續編》（台北：文史哲出版社，民國68年），頁187。

〔註 5〕韓琦、王揚宗〈清朝的石印術〉，《印刷科技》，第七卷第二期（民國79年10月），頁38。

〔註 6〕《中國文庫》（Chinese Repository），這是由美國第一個來華傳教士裨治文（Elijah Coleman Bridgman, 1801～1861）創辦的雜誌，該刊所記鴉片戰爭前後的史實甚富。（韓琦、王揚宗〈清朝的石印術〉，《印刷科技》，第七卷第二期（民國79年10月），頁37。

印最便宜。所舉石印優點有：可按需要印刷各種大小的書籍；小的佈道冊子可在很短的時間內印成，很省時；小的佈道點，若缺少人手，傳教士一人就能操作，費用省〔註7〕。

石印術既然在鴉片戰爭前已輸入中國，又有上述諸多優點，爲何數十年間未見流行？有學者認爲與中國的禁教及門戶的閉塞有關，他們說：

> 石印術，1832年傳入中國，但到1880年以後才得到普及，爲什麼在這段時間內沒有得到推廣？我們認爲，其原因：首先，1840年前後，新教傳教受到官方的限制，他們用石印方法印刷佈道冊子是祕密進行的，除了各別教徒以外，中國的普通老百姓還沒有機會接觸石印術，更無法同雕版印刷比較優劣；次之，石印的原料，如印石、油墨等都要進口，特別是當時的中國遠處於閉塞的狀態，無論石印、鉛印都沒有引起中國人的重視〔註8〕。

上述的解釋有部分道理，但是要據以瞭解眞象的全貌則仍嫌不足。一方面，在1840年前後，中國固然對西洋宗教的傳播加以限制，但是1860年第二次英法聯軍之役以後，洋人已取得在中國內地傳教的權利，我們但看1860年到1900年間全國各地此起彼落的「教案」衝突，就足以證明洋教士在光緒之前已普遍深入中國內陸各地，他們有機會將石印術帶入中國內地，石印原料隨傳教士源源輸入也沒有多大的困難。事實上，清季造成西洋列強對中國經濟入侵的各式洋貨，除了晚期有在中國設廠生產者之外，那一項洋貨不是遠涉重洋而來。

二、木雕版對石印術之抗衡

由技術層面來看，石印術在中國延遲普及的原因，我們認爲與中國的木雕印刷術具有非常強韌的抗改革性有關，這是由於既經雕成的木雕印版本身具有很長的生命週期，自然形成對新技術的抵斥作用。因爲木雕印版可以反復使用，有時甚至可以連續使用數百年至漫漶不堪或損毀時才算罷休。而每塊新版可以印到一萬五千份，修補後又可加印一萬份〔註9〕。舉例來說，台灣台南一座古廟裡有一塊巨型木雕版，據說這塊版每四十年做一次盛大的廟會時才印一次，送給來廟朝拜

〔註7〕韓琦、王揚宗〈清朝的石印術〉，《印刷科技》，第七卷第二期（民國79年10月），頁37～38。

〔註8〕同上，頁38。

〔註9〕李約瑟《中國科學技術史·紙和印刷》（上海：上海古籍出版社，1990年），頁331。

的善男信女〔註 10〕。這種四十年才印一次的週期性，顯示木版的確可以使用達數百年。當然，傳統印版的保存價值，文字版與圖像版兩種大體上是等值的。以文字雕版而言，在科舉制度下，標準版本的經典是需要的，何況經典係古代聖賢所遺留，其內容也不允許任意更改，因此，雖然許多經典之雕版動輒耗資鉅萬，由於可以預期有長年出版的條件與保存的價值，歷代以來雕版之風氣乃得以獨盛。換言之，經典的長期保存價值與不斷再版的需要，保障了雕版的保存價值。在此條件下，印版因而被視爲重要資產。另由成本的角度來看，木雕版的雕刻成本固然較高，但是其成本可以由數十、百年來攤銷，在社會穩定的時代，財富充裕的營業家族，爲後代子孫預付印版的成本是被接受的，我們看到明、清之時版印業的家族，經常以「印版」的累積數量做爲家族財富的衡量標準，女子出嫁時也常以「印版」爲嫁妝。例如江西金谿縣許灣，廣東順德縣馬崗，均把書版作爲財產，以書版多者爲富，嫁女時常以書版爲妝奩，而這些特別奩物，一半是十幾歲的小姑娘在未出嫁以前自己動手刻成的〔註 11〕。

與文字雕版相同的，傳統的圖像雕版也具有長年的保存價值，例如明代盛行的小說與戲曲插圖，以及清代盛行的年畫，其內容的故事情節都已深入人心，普遍爲中國人所喜愛，因而百看不厭。以年畫爲例，一張好的年畫，無論印過多少年，也不減銷路〔註 12〕所以既已雕成的印版有長年保存的價值。因此，即使像河南朱仙鎮這種不算特大規模的年畫產地，有些較老的年畫店，也積存各種各樣的成套的版有二三百套〔註 13〕。到年節時期，新的年畫往往不敷批發，就新舊配搭起來供應〔註 14〕。充分發揮既存雕版的功效。

由於積存的雕版有保存的價值，年畫作坊更是對年畫的繪稿與雕刻特別慎重，在財力許可的條件下，務期至善至精。以年畫畫樣的定稿過程爲例，書師先在毛邊紙起稿，稿成後，送繪畫店掌櫃審查、決定。畫店掌櫃將畫稿掛在牆壁，反複琢磨推敲，並廣泛徵求意見，根據所提意見，再把畫交給畫師反複修改，待大家滿意，再勾墨定稿，此畫才基本上算定稿。然後送交雕版師進行刻製〔註 15〕。如此愼重研定的畫槁，爲求能長期發行，自然對用板十分講究，楊家埠的年畫製

〔註 10〕席德進〈台灣的民間藝術．版印〉，《雄獅美術》，第三十期，頁 53。
〔註 11〕張秀民《中國印刷史》，頁 754。
〔註 12〕羅奇〈朱仙鎮的木刻水印年畫〉，《文藝》，第二七三期（民國 72 年 3 月），頁 176。
〔註 13〕同上，頁 173。
〔註 14〕王樹村〈民間年畫瑣記〉，《中國民間年畫史論集》（天津：楊柳青畫社，1991 年），頁 235。
〔註 15〕羅奇〈朱仙鎮的木刻水印年畫〉，《文藝》，第二七三期，頁 176。

作爲例，他們多數用棠梨木或梨木，這種木質細膩、堅硬、無紋道，便於雕、鐫，又耐磨，不易變形〔註 16〕。雕版更是耗費時日的工作，大致上，每雕刻一套版，大約得廿天左右〔註 17〕。

正因爲整個製版過程費心耗時，所完成的雕版自然格外寶貴，雕版的累積情形也就影響到年畫作坊的興衰與存亡，以全中國最大的兩個年畫生產地天津楊柳青以及蘇州桃花塢爲例，在西洋石印術輸入，石印年畫興起後，天津楊柳青木版年畫一落千丈，能維持生活的大畫店，只有印賣舊樣，新版再也沒有印刻的經濟能力〔註 18〕。從這種現象得知，在經濟條件良好的時候大量累積木雕印版，是抵抗新興石印技術的有力條件。另就蘇州桃花塢來說，這個中國南方最大的年畫生產中心，除同樣遭到石印年畫的排擠外，最大厄運是太平天國之亂。咸豐五年（1855）清兵包圍了蘇州，馮橋、山塘的畫坊都被兵火燒燬。少許保存下來的古年畫，原來的雕版也燒失了。經過苦難歲月後，畫坊的主人們離棄了馮橋、山塘，選擇了盛產顏料及工人集中的桃花塢重振舊業。歷經咸豐、同治、光緒，桃花塢年畫雖已復興，也年年出新版，但聲譽已不及北方的楊柳青年畫，至清末時，畫坊已所剩無幾了〔註 19〕。由此可見傳統版印業依賴「積存舊版」之深，因爲新版雕製耗資多，只做爲補充之用，市場的維持，需要依賴舊版的重複發行，以降低成本。我們也似乎可以相信，蘇州年畫要非積存雕版先前毀於兵災，則在抵制石印年畫的替代過程中，會發揮較大的作用。

在傳統與現代圖像版印技術交替的過程中，除了「累積雕版」對現代技術發揮了某種程度的抵制作用，「雕工集團」對新技術的抵制也不容忽視。若純就繪畫與印刷效果而言，由於石版畫比其他版種版畫，和繪畫（油畫、水彩、素描等）的畫面效果接近，只要直接以蠟筆或畫筆沾藥墨描畫版上，而且怎麼畫，就印出怎麼樣的石版畫來，就是說可保有描繪時的筆觸，畫痕、韻味，甚至渲染效果。如此，不必擔心雕版之煩，又容易有預期效果的傾向〔註 20〕。這種技法與中國傳統的國畫技法頗爲接近，照理說應該比木雕容易被接受，但事實證明，這項優點並沒有爲石印術的及早替代中國傳統技術帶來方便。此與「雕工」在新舊技術中

〔註 16〕王耀東《生生不息的濰坊年畫》聯合報，民國 82 年元月 21 日，二十五版。
〔註 17〕羅奇〈朱仙鎮的木刻水印年畫〉,《文藝》，第二七三期，頁 173。
〔註 18〕王樹村〈畫家錢慧安與民間年畫〉,《中國民間年畫史論集》，頁 301。
〔註 19〕樋口弘原著、廖興彰節譯〈桃花塢版畫〉,《雄獅美術》，第七十三期（民國 66 年 3 月），頁 19。
〔註 20〕廖修平《版畫藝術》（台北：雄獅圖書，民國 78 年），頁 167。

所扮演角色之不同有關。蓋中國原有圖像版印採三段分工，分畫工、雕工、印工三段，互不侵犯，尤其雕工佔有重要地位，在整個版印流程中，要以雕版此一工序最富技術性，而一張圖像，以年畫爲例，若作五色套印，連主版共計要雕六套版，約需二十個工作天〔註21〕。以清季版畫之盛，如河北的楊柳青、江蘇的桃花塢、山東的楊家埠、廣東的佛山等地，都以年畫盛極一時〔註22〕，因此雇工不計其數。但是若石印者，只需二段分工，所省略的，恰是傳統版印最具技術專業地位的「雕工」，因此石印技術受到傳統雕工的抵制是可以理解的。

其次，圖像版印專業化也是阻力之一。早期的中國圖像雕印只是文字雕印的附庸；明末清初以後，由於套色木刻畫的發展，大量刻印最受民間歡迎的年畫，形成獨特的民間藝術，建立了木刻畫本身的獨立性，日漸與刻版印書分離〔註23〕。在出版年畫的中心地，常是整個村莊的人全都從事於此業。他們獨自成爲一個系統，一個組織〔註24〕。因此，除非傳統產業本身已經相當程度的弱化，否則這種替代關係是要受到相當程度的抵制的。

傳統圖像印刷對西洋石印術能產生抵制作用，除傳統技術的特質以外，石印術本身的條件也有關係。蓋石印術不似木雕版，在一版完成後將原版存放。石印術是就一塊厚石板繪圖後，一次印完所需張數，隨即將石版上的圖樣打磨清洗掉，以便繪製第二張版，如此循環下去。雖然石印術容許以紙張保存畫樣，以備重新製版印刷，但是每次印刷完畢之後，打磨石板與重新印刷時之製版，的確不如木雕版再版來得方便。廠家如果要比照木雕版的方式，保留不清洗掉的石板，不但積壓太多石板成本，也沒有那麼多的存放空間。基於上述原因，再加上既存木雕版與雕工的抵制，石印術本身在技術未改善之前，無法取代木雕年畫市場。

從以上所述得知，清季西洋石印術在輸入中國以後，其延遲普及的原因，與中國傳統版印技術的材料特質、以及人力結構有關係。也與石印術對中國勞力結構的衝擊作用有關。

〔註21〕梅創基《中國水印木刻版畫》（台北：雄獅圖書，民國79年），頁38。

〔註22〕王伯敏《中國版畫史》，序頁3。

〔註23〕蔣健飛〈新春閒話木刻畫〉，《藝術家》，第九期（民國65年2月），頁148。

〔註24〕鄭振鐸、李平凡《中國古代木刻畫選集》（北京：人民美術出版社，1985年），第九冊，頁91。

第二節　傳統版印風格對現代化的影響

在傳統版印工序裡，由於存在「雕版」的必要，其所牽連的「印版」與「雕工」，都會產生對替代技術的抵制作用。在任何時代或任何情境下，只要手工雕版的工序存在，這種緩衝性的抵制作用，都將如影隨形的伴隨著新舊技術的交會而發生。但是抵制石印術替代傳統圖像印刷技術之最關鍵因素，則爲清代版印偏重裝飾性的要求。基本上，清朝兩百餘年流行的主要圖像印刷物，是所謂的「年畫」，年畫最講究顏色與裝飾效果。這種效果的講求，使中國木雕版印比西洋木雕版印更具有抵斥新技術的條件。蓋就早期歐洲許多書籍的木刻插圖看，它們多數採用陽刻，以線條爲主，與我國木刻極近似。這一類的木刻在十四世紀期間非常盛行，尤其是用於宗教印刷品插圖。爾後由於西方繪畫的發展與我國不同，木刻畫亦隨之改進，與西洋畫一樣注重素描訓練，採用緊密的細線，陰刻陽刻並用，表現出陰影光暗面和立體感，重視寫實，形成一般所稱的現代西洋木刻〔註 25〕。這是採用木口來雕刻的技術，它把銅版雕版技術應用到木刻中。這種創造的成功，延長了木刻衰退的時間，但它仍不能擺脫複製繪畫的弱點，所以照相製版術一經發明，複製木刻就無法對抗，而被取代了〔註 26〕。相反的，中國的圖像版印，發展到了清代，所追求的並非「傳眞」，而是「裝飾之美」，因此對新興技術的抗拒條件，自然比西洋木雕版爲強。

一、傳統版印的裝飾性特質

圖像版印對裝飾效果的高度講求，與整體工藝美術的發展有關。中國工藝美術精緻的裝飾特質，在明代已經發展到高峰，這個時期的木雕，已經從粗獷趨向精細，例如人物的衣紋，也發展出與繪畫的線條一樣地多變化，並以波浪紋爲主〔註 27〕。清代工藝美術的發展，則大體可以分爲兩個階段：清代中期以前，繼承明代的傳統，不論是在生產技術或是藝術創造方面，都有所發展。中期以後，藝術創作方面走向了繁瑣堆飾與精巧〔註 28〕。尤以繪畫式的裝飾佔主導地位〔註 29〕。

進一步以圖像版印的裝飾性來說，明末清初的版畫插圖風格都趨於纖細，人

〔註 25〕蔣健飛《新春閒話木刻畫》，《藝術家》，第九期（民國 65 年 2 月），頁 148～149。
〔註 26〕譚權書《木刻教程新編》（湖南：美術出版社，1983 年），頁 8。
〔註 27〕劉奇俊《中國古木雕藝術》（台北：藝術家出版社，1988 年），頁 135。
〔註 28〕田自秉《中國工藝美術史》（台北：丹青圖書，民國 76 年），頁 371～372。
〔註 29〕同上，頁 405～406。

物比例小，著重外景的描寫〔註 30〕。版畫的地方特色逐步消失，不遺餘力地描繪豪華的建築、雕梁畫棟、迴廊曲折，講究小擺設、假山、翠竹、紅梅，配以湖光山色〔註 31〕。例如金陵版畫原本講究線條粗壯有力，刀刻大膽潑辣，至萬曆中後期，由於徽派版畫的影響，由粗枝大葉轉向精工雕鏤〔註 32〕。蘇州、杭州、徽州乃至金陵的版畫，彼此間只是大同中的小異，不少作品都顯得你中有我，我中有你，難解難分〔註 33〕。此時最具代表性的徽派版畫，其風格的重點所在，爲注重線描，突出人物，構圖飽滿，不留空白，注意裝飾效果，一筆不苟〔註 34〕。清代盛行的的年畫更強調構圖上的裝飾效果，蓋構圖的均衡與飽滿是年畫的基本要素之一。畫面上很少有大片虛空的出現，用線條和顏色組合成的單人或眾多形象，常常是把畫面的四邊都占滿了（圖 12、13）。這是因爲年節時分，人們希望看到的是佈滿各種吉祥形象，耐人尋味而又熱熱鬧鬧、殷殷實實的圖畫。在消費者看來，買來一張紙，上面空空洞洞，圖個什麼呢？何況，一張年畫貼上去，至少要使他們看上一年，與他們日日相伴爲樂呢〔註 35〕！

年畫構圖的這項要求，通行於中國各地的年畫作坊，以山東濰縣楊家埠年畫爲例，楊家埠年畫要表述的東西，造型十分誇張，構圖講究飽滿，都是直接告訴的方式。畫師憑著方寸木面盡量載入眾多的東西，所以它的特點是「滿」，在一個畫頁上密密麻麻塞滿各種人物或象徵之物，憑畫師的高超工藝，用諧音寓意熔成一個完整的藝術整體，協調而美觀，使人們少花錢，買到更多的滿意〔註 36〕。楊柳青年畫的構圖也是如此，在畫面處理上，很注意背景刻畫，室內佈置講究華麗、氣魄；室外設計，常是園林景色，引人入勝。體裁方面尺幅較大，往往和整張粉簾紙同樣大小，上面能十分清楚地刻畫出四十多個人物〔註 37〕。

由於年畫主要用於張貼牆面，適於遠觀之用，因此年畫的篇幅往往很大，最大的長一公尺以上，寬半公尺左右。例如桃花塢所印製之年畫，其最大的年畫用紙，已經超過縱一百公分，橫六十公分。像這樣大幅的版畫作品，在當時尚未見

〔註 30〕王遜《中國美術史》（上海：人民美術出版社，1989 年），頁 470。
〔註 31〕周蕪《中國古代版畫百圖》（台北：蘭亭書店，民國 75 年），頁 161。
〔註 32〕周蕪《中國版畫史圖錄（上）》（上海：人民美術出版社，1988 年），頁 6。
〔註 33〕同上，頁 11。
〔註 34〕周蕪《徽派版畫史論集》（安徽：人民出版社，1984 年），頁 13。
〔註 35〕劉玉山《中國民間年畫的藝術美簡析》，《蘇聯藏中國民間年畫珍品集》（北京：中國人民美術出版社，1989 年）。頁 30～31。
〔註 36〕王耀東《先生不息的濰坊年畫》，聯合報，民國 82 年元月 21 日，25 版。
〔註 37〕王樹村《年畫兒》，《中國民間年畫史論集》（天津：楊柳青畫社，1991 年），頁 158。

到〔註 38〕。又如楊柳青年畫，最普通的一種，尺幅已長達一一二公分，高六十三公分〔註 39〕。其次，例如道光年間，年畫曾同隨軍商人流入新疆一帶，作坊根據當地的民族生活特點，出版了巨幅「格錦」和「洋林」兩種圖案形式的年畫，用墨藍色調印靜物和中東式的寺院建術，很受西北少數民族歡迎〔註 40〕。像前述這一類的大型彩色木刻，其尺幅，是明末流行的「箋譜」、「畫譜」，以及戲曲與小說插圖不能相比的。爲了使這種大面積的年畫有遠觀的理想效果，其構圖與著色經常是豪放不羈地大塊文章，大紅大綠〔註 41〕。

「人物」描繪是年畫表現的重點，但是以「人物」爲主題的年畫裡，卻常常可以看到大量的陪襯飾物，以及大紅大綠的色彩使用，這種裝飾效果的使用，是因爲年畫的人物形象是手工描繪，爲了畫得快，成本低，不可能個個人物性格描寫得那樣逼眞，例如三教九流、貧富病苦，不可能都畫臉譜或加工細描，這就需要用一種虛擬的畫法來襯飾。所以我們看到舊年畫中的人物，從形象看來常常是忠奸賢愚，不太易於劃清。而若從舉止動作、細微表情，以及陪襯道具衣帽飾物等地方來看，則人物的本質差別和個別特點全都透露出來，這也是由於年畫要便於觀眾遠處欣賞，不能不更多的注意大效果的原故〔註 42〕。換言之，裝飾性手法在年畫領域的使用，對所要表達之主題的明確呈現，有截長補短的正面意義，所以這種手法在年畫裡被廣泛應用。但是傳統年畫這種高裝飾性效果的產品，卻非當時的彩色石印技術所能生產的。

然而，這倒也不是說中國傳統圖像「印刷技術」比當時西洋印刷技術進步，只是說中國「年畫產品」更精美而已，這兩者之間有很大的區別。因爲中國年畫製作過程裡，有許多並不是單靠「印刷」就足以完成一件作品，通常都是與「手工繪製」交會運用，當然，以中國幅員之廣，年畫作坊繪製作品方法，因地而異，並不盡同。從現存作品和各地考察的情況來區分，大致不外有七類：一、以手工繪製者，其中又分原作和「過稿」〔註 43〕兩種；二、木版套色印製者；三、只用

〔註 38〕潘元石《蘇州年畫的景況及其拓展》，《蘇州傳統版畫台灣收藏展》（台北：行政院文化建設委員會，民國 76 年），頁 18。

〔註 39〕王樹村《民間年畫的體裁》，《中國民間年畫史論集》（天津：楊柳青畫社，1991 年），頁 238。

〔註 40〕汪立峽《楊柳青年畫的由來》，《楊柳青版畫》（台北：雄獅圖書，民國 65 年），頁 17。

〔註 41〕鄭振鐸、李平凡《中國古代木刻畫選集》（北京：人民美術出版社，1985 年），第九冊，頁 90～91。

〔註 42〕王樹村《楊柳青民間年畫畫訣瑣記・續》，《中國民間年畫史論集》，頁 276。

〔註 43〕畫師完成一幅白描畫稿後，以此稿做底樣，上薄紙照稿勾畫，每稿可複製千百張，然後著色，俗稱「過稿」。（王樹村《中國民間年畫史論集》，頁 87）。

木版套色印製一部分，人物頭臉和衣飾重點部分，則以手工繪製；四、以墨線版印出人物輪廓，而後全用手工繪製來完成；五、套色印刷衣物背景，人物頭臉以手工繪成；六、以墨線版刻出神佛道貌，印在彩色紙張上，猶如版畫般；七、用厚紙多層裱牢，再以黃蠟浸透，呈硬透明板狀，而後刻版漏印〔註 44〕。此外又如四川綿竹年畫，至今還遺有木版拓印年畫之形式〔註 45〕。上述諸法扣除少用者之外，大致可以分爲三類：一、純手工繪製；二、純木版彩印；三、木板套印與手工補彩混合使用〔註 46〕。第一類完全與印刷術無關，不屬本文討論的範圍。其他兩類的製作方法，其成品雖然風格各異，但是在與西洋初期彩色石印比較時，大致仍然佔有優勢地位。

我們試以中國最大的三個年畫生產地之風格爲例，在天津楊柳青、蘇州桃花塢、山東濰縣三者間，楊柳青年畫色彩變化多端，濃淡均勻。又因靠近京城的原故，風格或多或少受畫院影響，所以用筆工細，人物比例適中，接受了宋、元、明的繪畫傳統。山東濰縣一帶，人民多以耕種爲業，年畫亦多以耕織作題材，印製上是用全印不畫的套色方法，畫面散發出一股濃郁的鄉土氣息。顏色主要用紫、綠、黃、紅、雪青等五色，人物比例誇張，構圖飽滿，刻線剛勁巧拙，很能代表北方人的豪邁粗獷性格。桃花塢地處江南，富饒之地，山明水秀，桃花塢年畫反映出南方的婉媚秀麗氣質，顏色方面，常用紅、黃、藍、綠、紫、灰、黑等七色，七色中有深、淺變化，顯得鮮艷明快，另外有用加金、銀作點綴。由於明代木刻發達，如金陵派、建安派、新安派三大木刻系都在南方，以及清初銅版畫的興盛，

〔註 44〕王樹村《中國年畫史敘要》，《中國全術全集繪畫編·民間年畫》（台北：錦繡出版社，1989 年），頁 27。

〔註 45〕這種拓印的年畫之版較大，刻版和刷印技法與墨線版相反，它是用陰刻法雕版，變一般畫版刻出凸線爲凹線，印製方法也不同，一般年畫是刷墨於版面，而后覆紙刷印；拓印年畫的原版上不刷墨色，而是將白紙打入凹處，然後用「拓包」（一種用布裹絲綿的工具）蘸墨或朱紅色料捶打素紙，畫版凹處之線紋即呈白色顯象出來。（見王樹村《中國的木版年畫藝術》，《蘇聯藏中國民間年畫珍品集》（北京：中國人民美術出版社，1989 年），頁 8。）

〔註 46〕一張年畫由構思起稿至完成，與現代的商業印刷程序無多大分別：起先畫稿師畫出黑白稿，如要套印五色，便要交出五張色稿，以供刻分色板之用，另外要畫出一張完成效果圖。若果要求單色內有濃淡變化，謂之「活套」；而只是印大塊色面的，謂之「死套」。年畫的印刷，先把墨線板放在案上，然後把紙張用夾子夾起來，逐張印刷。墨線印好後再逐次換色板套印，若要複雜的色感和繪畫效果，便要人工描繪頭面或作細部填色。（謝克《我國的木板年畫》，《藝術家》，第一二九期（民國 75 年 2 月），頁 49）。

桃花塢的年畫，一般具有明代木刻的精工細刻風格，並深受銅版畫的影響〔註47〕。

前述三個年畫產地當中，楊柳青年畫由於製作精美，其印刷的部分，過去還被誤認爲是純由手工描繪，王樹村即指出：

> 楊柳青木版年畫與蘇州桃花塢年畫一樣，同是我國富有地方色彩的民間美術的重要組成部分。不過，桃花塢早期的年畫木刻韻味較濃，而楊柳青的成品則富於繪畫風格，所以過去人們都把楊柳青的年畫認作是畫的。從我國的年畫發展規律來看，早期的作品確實都是畫的，大約在明萬曆年間，北京已有楊柳青的繪製品流行，也有類似木版的印刻品出現，但就收集到的材料來看，爲數極少，只是到了後來，由於人們生活上的大量需要，年畫才逐漸由手繪而改爲先印出墨線，後加著色。再進一步發展又有套色版的刻印，一直到完全用木刻板片套印，這樣就使數量大大增加〔註48〕。

楊柳青年畫印刷部分足以亂眞，確實容易讓人將它歸於繪畫的範疇，陳奇祿即說：

> 楊柳青的年畫可以說是中國民間版畫的一特殊發展。其主要技法，就是將畫稿輪廓刻成陽文的版子，印在紙上，代替線圖鉤勒，然後按色敷彩，濃淡渲染製爲成品。經過早期的嘗試，到了康熙乾隆年間，楊柳青版刻名號戴廉增齊健隆等的製品，似乎還刻意仿傚宋明畫院風格，因之在形貌上，和手繪圖畫非常近似。這種技法的採用，使版畫邁入了繪圖的領域，印製成分漸次減少而逸出版畫的疇範〔註49〕。

當然所謂楊柳青年畫由手繪演進到套版，並非說它完全排除了手工繪製，因爲在製作簡便之外，還要講究精美，譬如色彩濃淡變化並不便以套版來完成，又譬如美人顏面手足處，必先塗以鉛粉，次以胭脂使色彩有變化，眉目處則用細筆蘸墨細描，因此印刷完成的年畫名爲「坯子」，仍只是半成品，還須進一步地做人工描繪細部及填色，才能達到複雜的色感和描繪效果〔註50〕。換言之，楊柳青年畫經多年演變，只是增加了印刷的比重，而不是完全取消手工描繪，因此，整個生產過程仍然需要動員龐大人力。所以楊柳青的居民，大多數參與年畫製作，有的作爲正業，有的作爲副業。不會繪稿、雕版的，就擔任塗朱設色的工作。尤其當秋收後，大多數婦女以代畫鋪描摹畫面，爲他們的大宗收入。正所謂「家家都會點染，戶戶全善丹青」。

〔註47〕謝克《我國的木版年畫》，《藝術家》，第一二九期，頁50。
〔註48〕王樹村《從楊柳青木版年畫談到「瑞草園」》，《中國民間年畫史論集》，頁185。
〔註49〕陳奇祿《生動的楊柳青年畫》，《楊柳青版畫》，頁4。
〔註50〕梅創基《中國水印木刻版畫》，頁39。

整個村鎮籠罩著一片彩色氣氛，幾乎形成一個藝術的村莊〔註51〕。

二、版印裝飾性特質對現代化的影響

由於楊柳青年畫雕刻講究細微，色調要求雅致，張幅也十分講究，精美產品與純手繪者幾無二致，這當然不是「色彩無深淺之分，單調粗濁」的初級彩色石印所能取代的。至如另一年畫產地桃花塢，因位於歷代商賈發達、文人薈萃的蘇州，雕版技術先進，所以印刷更高一籌，色彩也多用粉紅及粉綠，畫面要求鮮明、清麗、淡雅〔註52〕。桃花塢年畫用色通常達七色之多，其套印精緻者，更可印至八、九色〔註53〕。即使如山東濰縣年畫，雖然不加手工描繪，色彩多用原色，但是也用到五色套印。

就色彩在印刷上的使用而言，1837年法國已完成了彩色石印法，1869年英國也發明了三色石板印刷〔註54〕，但是這些條件都沒有讓石印術及早替代傳統的年畫製作技術。其理由就是西洋當時所發明的新技術，在色彩的表現上，還達不到傳統年畫裝飾效果的水準。

即使到了1884年，上海點石齋石印書局以石印術刊行圖畫，但其印刷均係單色石印，大抵以黑色爲之，間亦有以赤青紫一色爲之者。其印刷神軸山水等件，均以手工著色。當時上海無彩色石印，市上發行之彩色石印月份牌，悉由英商雲錦公司以原畫稿送至英國彩色石印局代爲印刷。迨富文閣、藻文書局及宏文書局等出，上海乃有五彩石印，而其出品色彩無深淺之分，單調粗濁，所謂平色版而已〔註55〕。換言之，即使到了1880年代，中國市面出現新興圖畫印刷品，但是它們並沒有順利取代年畫市場。其中的素色印刷與彩色年畫沒有替代關係，其取代的是同屬素色，卻已相當沒落的傳統木刻插圖〔註56〕。

中國木雕彩色圖畫印刷技術與市場，眞正被石印技術取代，是二十世紀初的事，其關鍵因素在於彩色石印技術突破了「色彩濃淡表現」的瓶頸，能夠摒除手工塡彩的步驟，純粹依靠「印刷」技術完成濃淡有致、足以媲美中國傳統年畫高度裝飾性的精美作品。此項技術的發明與引入，始於外人之力，淨雨指出：

〔註51〕潘元石《美術資．年畫特輯》（台北：行政院文化建設委員會，民國76年，頁18。
〔註52〕王耀東《生生不息的濰坊年畫》，聯合報，民國82年元月21日，第廿五版。
〔註53〕謝克《我國的木版年畫》，《藝術家》，第一二九期，頁49。
〔註54〕張明寮《圖文傳播》（台南：大行出版社，民國78年），頁162。
〔註55〕賀聖鼐、賴彥于《近代印刷術》（台北：台灣商務印書館，民國62年），頁20。
〔註56〕參鄭振鐸、李平凡《中國古代木刻畫選集》，第九冊，頁4。

日本之石印術，初得之於我國之上海，繼自研究，乃轉青勝於藍。光緒二十餘年，法人在滬設法興書局，聘日人製彩色印版，始能印濃淡分明之圖畫，色彩判別陰陽，深淺各如其度，殆能與實物彷彿。其法以金鋼砂將石磨粗成許多之散佈微顆粒，一如網目之狀，謂之砂版〔註57〕。

濃淡版彩色石印術是光緒末年才輸入中國，且印刷效果比過去進步很多，賀聖鼐即指出：

光緒三十年文明書局始辦彩色石印，僱用日本技師，教授學生，始有濃淡色版。其印刷圖畫色彩能分明暗，深淡各如其度，殆與實物彷彿，至光緒三十一年，商務印書館更聘用日本彩色石印技師和田瑞太郎、細川玄三、岡野、松岡、吉田、武松、村田及豐室等，來華從事彩印，此道益精。仿印山水花卉人物等古畫，其設色能與原底無異〔註58〕。

正因爲直到二十世紀初，彩色石印技術才達到中國傳統彩色年畫的裝飾效果，在此之前，中國年畫生產技術仍得以流行無阻。清末年畫第一大生產地天津楊柳青的生產與銷售，甚至到了光緒十年（1884）達最高峰〔註59〕。另一重要生產中心山東濰縣的楊家埠，其極盛時期是在同治初年至光緒末年。（1862～1908）〔註60〕楊家埠的木雕年畫，到了辛亥革命後才形沒落〔註61〕。楊家埠的年畫，比楊柳青及桃花塢稍晚被彩色石印年畫取代，其原因相信與地處偏遠，新技術之衝擊較慢到達有關係。至若天津楊柳青，由於與外洋交通便利，不但新興技術迅速引入，新興產品也都一併進口，對傳統技術的替代自是較便利，王樹村即指出：

隨替帝國主義「洋紙」、「洋色」的入口，天津日本「中東洋行」、「中井洋行」運來幾種日本彩色石印「洋畫」。內容有《大清國慈禧皇太后御

〔註57〕淨雨《清代印刷史小紀》，《中國近代出版史料》（上海：群聯出版社，1954年）第二編，頁357。

〔註58〕日人所傳彩色石印製版方法，不外光石、毛石二種：光石製法更可分爲二：一爲汽水紙（即轉寫紙）及特製墨料繪畫然後落石。一爲彩色製版，先用玻璃紙（即膠紙Gelatine）按照底樣，以一種尖鋼筆從而描刻之，嗣即落石，再翻印紅粉色紙多張，視底樣若干色，於是將紅粉色分落若干石，既落石後，再將各石各色之應深應淺或濃或淡亦按照底樣描而點之，藉以表示一版之印色。深淺版成之後，即可依次套印完成彩色圖畫。至於毛石之畫法，則不用汽水紙，衹用玻璃紙，其翻印落石等法，與光石無甚分別，其所異者，不用鋼筆描繪，而以一種油墨條（Crayon）從事繪畫，即可應用，套成彩色圖畫。（賀聖鼐、賴彥于《近代印刷術》，頁20～21。）

〔註59〕梅創基《中國水印木刻版畫》，頁35。

〔註60〕謝克《我國的木版年畫》，《藝術家》，第一二九期，頁34。

〔註61〕同上，頁47。

遊頤和園圖》、《日露（俄）戰圖》和《唐兒舞》、《唐子遊》等，印刷、裝幀非常講究。這種「洋畫」的輸入，使後來的天津、楊柳青石印彩色年畫盛行起來。同時上海彩印的「月份牌」式年畫也在天津出現，這兩種樣式新穎、顏色漂亮的機印「洋畫」的興起，影響了木版年畫市場，後來年畫作坊雖力圖改進，換手工印刷爲機印，無奈民生凋敝，農村經濟破產，數百年一直發展下來的楊柳青木版年畫藝術，從此停滯不前了〔註 62〕。

從上述得知，中國木雕彩色圖像版印大略是與滿清政權共存亡，蓋中國彩色版印以年畫爲大宗，其初盛起自滿清文字獄的連帶作用，其隕落是由於石印術於清末才獲致技術革命的成功。其間，中國高度發展的彩色裝飾要求，對新舊技術的替代，產生過相當程度的抵制作用。

〔註 62〕王樹村《楊柳青年畫史概要》，《中國民間年畫史論集》，頁 18。

第四章　社會需求與技術革新

第一節　經濟條件與新舊技術之更替

一、版印技術之成熟與停滯

中國印刷技術的發展不是一條平滑的上升線，在與西洋技術相啣接時，亦非處於最高的成就點。中國傳統圖像版印是偏重手藝的技術，其最主要的技術是「雕刻印版」，這項技術在唐代業已相當成熟的用於佛畫雕印。試以唐咸通九年（868）刻本《金剛經》來說，它是世界上已發現最早的印本書，其扉頁有「祇樹給孤獨園」木刻說法圖（圖 14），它就是世界上現存最古的雕版畫。這部《金剛經》發現於敦煌莫高窟。全書本文共七頁，成一長卷形式，卷首即木刻扉頁，共長 4.877 米，高 0.244 米。《金剛經》一書，記佛與其弟子須菩提的談話，扉畫「祇樹給孤獨園」，便是描寫釋迦佛正坐在祇樹給孤獨園的經筵上說法，弟子須菩提正在跪拜聽講。佛的左右前後，立有護法神及僧眾施主十八人，上部有旛幢及飛天。此圖所刻，刀法極爲純熟峻健，線條亦遒勁有力。從刻線中可以看出毛筆的運用，既是肥瘦得中，又是渾厚流利，而釋迦及其弟子和天神等的形象，更具有中原畫風的特色，這是中國雕版佛畫中，一幅非常珍貴的藝術遺產，它足以證明，中國到了晚唐，雕版藝術已達到純熟和精妙的程度〔註 1〕。

由於金剛經扉畫刀筆的運用相當精妙，錢存訓認爲中國的雕版技術應該更早就已成熟，他說：

〔註 1〕王伯敏《中國版畫史》（台北：蘭亭書店，民國 75 年）頁 12～13。

（金剛經扉畫）全圖筆觸工整，細部繁密，表情栩栩如生，衣著線條流暢，背景裝飾效果極強，一切顯示了盛唐成熟的木刻藝術和刀法技巧。雖然目前還沒有找到比它更早的九世紀或以前的印刷插圖，但是單以這幅插圖而論，在它產生以前，木刻藝術和技巧業已達到成熟的境界，殆無疑問〔註2〕。

換言之，在清末西洋新式印刷技術傳入的一千年之前，中國版印的繪法與刀法已充分成熟，中國的工匠已充分將木雕版的雕刻潛力開發到盡頭，後來人們對雕版技術的沿用，雖更加精雕細琢，也算不上是技術的提升。

自唐代出現繪刻技術成熟的金剛經扉畫之後，中國的圖像版印技術基本上是處於停滯狀態，此後歷代版印產品的精良與否，和版印技術能力沒有相關，而是隨同當時社會的購買力轉移。因此，版印的品質並不是愈近現代一定愈精良。以明代爲例，洪武開國（1368）之初，由於社會動亂之後，元氣斲傷，資力艱難，圖書出版比元代落後。所以洪武年間，文化藝術的發展，可說窒息不揚。今日存世的許多明初刊本，紙質甚爲粗劣，便是證明。版畫在這樣的環境下，也很難有長足發展的機會〔註3〕。因此，洪武時所刊之佛藏，多不附圖。而附圖之書，其版畫刻工之粗獷、幼稚，漸有倒流到唐五代去的樣子。像洪武翻刊之天竺靈籤，僅具人形，全無氣韻，與宋刊原本相較，其程度之低劣，誠不止相差五十步而已。但經過三十多年的休養生息，版畫又恢復了蓬勃的氣象。永樂時期（1403～1424）的版畫，其富麗精工，較之宋、金、元，似尤進一步。洪熙以後，嘉靖之前（1425～1522），將近百年間，版畫復趨退化，皇家貴室所刊書籍，都斥去插圖，而具有插圖之書，乃往往爲民間所流行者。這些民間版畫，刻工往往粗率簡略。至嘉靖、隆慶五十年間（1522～1572），版畫始復盛行。這時期之版畫，尙未脫宋、元作風之範圍，圖皆古樸素雅，不甚精緻，不像永樂時代之富麗絢爛，光芒萬丈〔註4〕。

二、明末版印成就的經濟背景

及至萬曆到天啓年間（1573～1627），版畫的成就，則超過前代，呈現空前未有的光芒，是中國版畫發展過程中的黃金時代。尤以萬曆中期以後到明朝末年，所刻附有插圖的書籍，數量更爲驚人，版畫的內容無所不包，有專刻山水的，有

〔註 2〕李約翰《中國科學技術史．紙和印刷》（上海：上海古籍出版社，1990 年），頁 224。
〔註 3〕吳哲夫《中國版畫（下）》，《故宮文物月刊》，第一卷第八期（民國 72 年 11 月），頁 109。
〔註 4〕鄭振鐸《譚中國的版畫》，《良友畫報》，第一五〇期（民國 29 年元月）。

專刻翎毛花卉的，有刻兵法武器的，尤其許多傳奇戲曲，幾乎都有插圖，並且圖圖精美〔註5〕。

明末圖像版印製作精良，與當時社會一般人的好尚有絕對的關係，誠如鄭振鐸所說：

（萬曆時期）比較清高稍知自愛的「士子」們，也往往追逐於所謂「美」的生活，即山水庭園，飲食起居乃至小小擺設的享受。因此，手工藝的美術品乃大受歡迎。而木刻畫在這時期遂也成爲「士子們」所喜愛的一件美術品了。沒有好插圖的書籍在這時期好像是不大好推銷出去似的。同時，木刻的年畫，在民間大量銷行著，其繪刻的技術，也不差。愛「美」的心，成了這個時代大眾的風氣。從四書五經到幼童讀物、古文選本，幾乎都要附插些木刻圖上去〔註6〕。

明末圖像版印又以江南一帶最盛，這與當地的經濟條件有關。由於江南一帶是當時農業最發達的地區，物產豐富，商業也很發達，所以手工業隨之興盛，技藝高明，勝於他處。農、工、商業的發展，使人們的生活水平提高，自然要產生奢侈的風俗〔註7〕。然而由於圖像版印原本即帶有供人玩賞的性質，其興衰不易引人將之與社會經濟條件的起伏作聯想，在這方面，以實用爲宗旨的文字印刷，到了明末也興起「玩賞」之風，此足以證明中國傳統印刷「精美」的產品，是經濟上行有餘力的表現。文字印刷的這一種徵候，喬衍琯即指出：

綜觀明清兩代套色印本，在數量上也許要不下千種，遍及四部，然實以評點詩文佔極大多數。其實評點詩文，用不同符號，標明評點人姓名即可，區分以顏色，並無必要。而用多色抄寫的經史要籍，有其必要的，反並未能用套色區別，直到清末用以刊印沿革地圖，需要古今對照，朱墨分明，才發揮了套色的實用功效。可說絕大多數套色印成的書籍，旨在觀賞而已。……

書賈爲了提高售價，套色印本的書，如果原來卷帙較多，必然加以刪節，評語也多是點綴性的。一卷的頁數不多，一書的卷數也不多。然裝訂則多採金鑲玉的襯裝，且每冊都是薄薄的，這樣書的部頭不大，裝成的冊數卻不少，售價高些，平均每冊的單價卻不會太高。現代的書賈

〔註5〕吳哲夫《中國版畫（下）》，《故宮文物月刊》，第一卷第八期，頁110。

〔註6〕鄭振鐸、李平凡《中國古代木刻畫選集》（北京：人民美術出版社，1985年），第九冊，頁21。

〔註7〕童書業《中國手工業商業發展史》（台北：木鐸出版社，民國75年），頁256～257。

也會玩弄這一類的手法，明代以來刊印套色圖書的，早已想到了。就這一觀點來看，套色印書在我國印刷史上，表現了某種墮落。當然這不是套色印刷本身的罪過，而是刊印的人，未能步入正途〔註8〕。

在同一篇文章裡，針對此時圖書供玩賞的特質，喬衍琯又說：

套色印刷，在我國印刷史和圖書史上，眞是大放異彩，可惜一直未能充分利用套印的特性，去印刷些有俾實用的圖書，如本草、營造法式等。而衹印些評點本詩文，以供文士把玩，是很可惜的事。不過留下一些看來賞心悅目的書，總不失爲圖書中的藝術品〔註9〕。

三、清代經濟與版印的中衰

套色印書既爲明清之際經濟財富行有餘力的作爲，一旦經濟繁榮景象衰退，套色印書自然就隨之不再流行，因此，過去雖然有許多從事套版印刷的大家，但是漸漸的，印刷家和收藏家對它都失去興套。爲了節省時間、勞力和金錢，許多原先打算用彩色印的書，都改做單色了。十八和十九世紀的學者們對於評點注釋的書已不特別看重，而彩色地圖的印刷費用又超過黑色的數倍，即偶然有人從事於此，其技術上的成就也遠不及早期的藝術家們了〔註10〕。

滿清中葉以後經濟的衰落，對傳統圖像版印的打擊似乎大於對文字版印的影響，因爲文字版印褪去彩色與精工的裝飾性之後，成本大減，卻仍不失其可讀性，且有反璞歸眞之感。然而色彩與構圖的裝飾效果，是圖像版印的基本要件。經濟條件惡化之後，中國傳統的圖像版印在質量兩方面都跟著下降。清季這一波經濟與版印水準的一併衰落，是過去類似歷史現象的重演而已，但是這一波的衰落，卻碰上西洋新興印刷技術的挑戰，此種社會條件，對西洋技術的迎拒，必然要產生相當程度的影響作用。

乾隆末年是滿清國勢由盛轉衰的關鍵，不論政治、軍事、社會、經濟各方面，在此後都出現衰微現象，中國圖像版印的興衰，大致上也是以乾隆末年爲分水嶺，其關鍵因素是人民購買力減弱。

當然，在受到西洋印刷術挑戰之前，撇開年畫不論，清代圖像版印的質量，

〔註 8〕喬衍琯《套色印本》，《古籍鑑定與維護研習會專集》（台北：古籍鑑定與維護研習會，民國74年。

〔註 9〕同上，頁234。

〔註 10〕吳光清著、柳存仁譯《明代的彩色印刷：插圖．評點．畫譜．圖籍的衍變》，《歷代刻書概況》（北京：印刷工業出版社，1991年），頁299。

在整體上都與明代不能相提並論，其衰退的關鍵年代更溯自清初。這個轉變的影響因素是政治性的，而非出自於經濟條件。因為自從明朝覆亡，滿清於入關以後大興文字獄，對中國文化發展的影響甚為深遠。尤其是清室對於所謂「小說淫詞」的嚴禁，不但阻礙了小說等通俗書刊的發展，間接的也使附託在通俗書刊的木刻版畫受到連累〔註 11〕。然而清初固然由於政治的干預，造成戲曲、小說版畫插圖的衰落，但是更加富麗、豪華的年畫製作卻代之而興，在產量方面，年畫且遠比明末的戲曲、小說插圖要來得龐大，其對彩色的大量使用，更是明末書籍插圖所不能企及，又由於要大量、迅速生產彩色年畫，套版印刷技術更被廣泛的使用，因此，整體而言，清代康、雍、乾盛世，圖像版印較之明代，可以說更為興盛。

但是乾隆末年以後的經濟衰退，它對傳統圖像版印的打擊是全面的，不僅戲曲小說或一般書籍插圖之數量與品質都大減。圖像版印中衰的現象，甚至連清廷本身的出版事業也無法倖免。清初殿版版畫是盛極過一時的，就其製作的規模來看，也相當龐大，康熙時的「耕織圖」、「南巡盛典」等，雍正時《古今圖書集成》的插圖，都是由著名畫家和優秀刻工合作而成。但乾隆年間的內府版畫就漸顯草率，道光以後就不見版畫了〔註 12〕。年畫生產的情形也不能與早期相比，以蘇州版畫為例，蘇州版畫的傑出作品都是雍正、乾隆前期雕印的。畫法精密，構圖複雜、刻法精緻、印刷熟練、彩色綿密，多為風景和美人畫，主流是風景畫〔註 13〕。此期版畫的版面，大的高 90 至 105 公分，橫 50 至 55 公分，在世界版畫史上亦屬罕見的，使用的技法有墨印、濃淡二墨印、彩印、筆彩等多種，顯見極其多采多姿的面貌〔註 14〕。然而從乾隆末年至道光年間，雕印的版畫之規模則大不如前，此時雕印的故事都屬小型，風俗時事畫以中型橫幅為多。這些中、小型版畫的畫、刻、印和畫紙都是粗糙的〔註 15〕。

大致上說來，乾隆晚期至嘉道年間，所謂「太平盛世」已過，在此動蕩不安的形勢下，平民生活顯然下降，民間年畫也減低發展速度。但是作坊為了經濟效

〔註 11〕吳哲夫《版畫的歷史》（台北：行政院文化建設委員會，民國 75 年），頁 58。
〔註 12〕劉國鈞《宋元明清的刻書事業》，《中國圖書史資料集》（香港：龍門書店，1974 年），頁 485。
〔註 13〕樋口弘原著、廖興彰節譯《桃花塢版畫》，《雄獅美術》，第七十三期（民國 66 年 3 月），頁 22。
〔註 14〕成瀨不二雄著、莊伯和譯《試論蘇州版畫》，《蘇州傳統版畫台灣收藏展》（台北：行政院文化建設委員會，民國 76 年），頁 28～29。
〔註 15〕樋口弘原著、廖興彰節譯《桃花塢版畫》，《雄獅美術》，第七十三期，頁 27。

益，相互展開競爭，仍在不斷繪製新樣，以求維持生意，故質量同時下降〔註16〕。到了清末，由於外國資本主義侵入，農村經濟破產，年畫作坊為了壓低成本，繪稿的多為初學及家庭婦女，粗製濫造，偷工減料，採用舶來顏色洋紅洋綠與惡劣紙張〔註17〕。年畫作坊如此降低成本，自然影響了出稿畫樣的畫師經濟收入，有的畫師為了生活開業賣畫，像四川綿竹、蘇州山塘、天津楊柳青等地，都有畫師「繪本年畫」（純手工繪製的年畫）大量出現〔註18〕。這種現象使年畫品質下降。以楊柳青年畫為例，光緒末期的楊柳青年畫，已經失去了從前細緻工整的優點，大部份構圖草率，著色板滯〔註19〕。在紙張等原料方面，作坊為了獲利，大部分都改採外國原料。紙張採購了日本的洋粉簾紙，其價雖廉，但脆薄黃糙，遠不及國產南料棉簾潔白柔韌。顏色方面，光緒以前都是作坊直接由蘇杭採購，裝船北運。有些顏料，如槐黃、硃砂、木紅、赭石等，襲用土法自己焙製，故色彩典麗，經久不褪；光緒末開始試用外來洋貨，如毛藍、禪綠等。以後，除槐黃、赭石、黑胭脂外，全部採用了進口價廉的洋染料，故色彩一晒即褪，完全失去了民間年畫中醇然富麗的固有特色〔註20〕。

四、清代經濟中衰對版印技術更新的影響

從以上所述，可見由於經濟條件的衰退，人民購買力降低，中國傳統圖像版印發展到了清末，已經顯得相當衰敗。換言之，西洋新興技術所面對的「中國傳統」，已是日薄西山的傳統，然而這種現象反而有助於西洋新式技術之移植。因為清季輸入的石印術，其初期技術的「色彩」印刷能力甚差，就我們所知，其印刷品質完全不能與明末清初的製品相比，如果這種石印術發明更早，以其初期的印刷品質，在中國早期優勢產品抗衡下，反而不可能移植成功。然而到了清末，由於中國傳統版印品質的相對下降，使得粗糙卻更廉價的石印產品與技術最後能替代成功。換言之，清末傳統版印的長年衰敗，對西洋新技術的引入，反而是起了催化作用。

〔註16〕王樹村《中國年畫史敘要》,《中國美術全集．民間年畫》（台北：錦繡出版社，1989年），頁23。

〔註17〕張秀民《中國印刷史》（上海：人民出版社，1989年），頁653。

〔註18〕王樹村《中國年畫史敘要》,《中國美術全集．民間年畫》（台北：錦繡出版社，1989年），頁23。

〔註19〕汪立峽《楊柳青年畫的由來》,《楊柳青版畫》（台北：雄獅圖書，民國65年），頁18。

〔註20〕王樹村《楊柳青年畫史概要》,《中國民間年畫史論集》（天津：楊柳青畫社，1991年），頁18。

以印版的積存來說，前一章曾經提到，印版的積存是傳統技術排斥新技術的有力條件，然而印板唯有使用上等木料、精雕細琢，才值得妥善保存，以傳諸後代，不斷再版，爲子孫謀福利。由長期角度來看，木雕版的雕刻成本雖然較高，但是其成本可以由數十、百年來攤銷，在社會穩定的時代，財富充裕的營業家族，爲後代子孫預付印版的成本是被接受的，但是清末的社會與經濟條件顯然已不允許、也不值得爲不可知的長遠未來預付鉅額成本。一方面，以清末的貧世，要爲長久的後代預付製板成本，顯然相當困難；另一方面，由於社會動亂頻繁，良好印板也難保能傳諸久遠，例如太平天國之亂，就將全國最有名的蘇州年畫作坊積存的印板付之一炬。此教訓令人印象深刻，事實也正顯示，清末已經很少雕製新印板，市售印品多爲舊板印製所得。

前面還提到，清季輸入的石印術，其初期技術的「色彩」印刷能力甚差，但是由於中國傳統版印品質下降，使得粗糙卻更廉價的石印產品與技術取代成功，這是令人遺憾的事。其實早期石印術印刷效果之缺失是多方面的，不僅於色彩表現一項。早期的石印色彩固無深淺之分，單調粗濁，即使以後有所改良，由於是平版印刷，所印墨膜厚薄完全一律，所以深濃部份常墨色不足，故畫面每有深度不夠之感〔註 21〕。其次，使用石版印刷，當紙張直接與印板相接觸時，常會把油墨和水分吸收得過多，造成了紙張因吸水而膨脹的缺點，故於套色印刷頗多困難。甚至清末人們最稱神奇的照相製版印刷，謂其印刷之精「細若牛毛、明如犀角、不爽毫厘」〔註 22〕，然而事實上，清末的照相石印，是以照相攝製陰文溼片，落樣於特製膠紙，轉寫於石板。用此法製板，由於以膠紙轉寫，筆劃較細之物，未能翻製清楚〔註 23〕。

換言之，初期西洋技術所生產的品質並不算高，但是由於中國傳統版印的品質已經粗陋，而且西式印刷品價格低廉，終於廣受歡迎，替代中國傳統印品，此乃理所當然之事。

在中西技術更替的過程裡，「色料」的特質所扮演的角色也不容忽視。我們發現，年畫作坊要生產比較精緻的年畫，即使完全使用套版印刷，最終一定還要以手工「開臉」（以工筆描繪人物顏貌）。以楊柳青年畫爲例，年畫製作過程中，最末一道步驟是染臉裝色，需工最多。大都是由村南四十六個鄉村裡的婦女所畫，

〔註 21〕楊暉《照相製版與平版印刷的原理和實用（上）》（台北：台灣商務印書館，民國 54 年，增訂版），頁 95。
〔註 22〕張秀民《中國印刷史》，頁 579。
〔註 23〕賀聖鼐、賴彥于《近代印刷術》（台北：台灣商務印書館，民國 62 年），頁 21。

這些無名畫家都是婆領媳做，世代相傳。每當農閑或秋收後的農餘時間裡，他們就腰圍花藍布，席地對牆染畫起來〔註 24〕。這種對大量手工補彩的依賴，就「印刷術」的改進而言，不能不謂是一大障礙，誠如日人成瀨不二雄所說：

> 實際上回顧版畫史，不問東西方，一般過程大致是最初成立墨刷版畫，其次在其上加筆彩，最後到達多色印刷版畫的地步，就如日本浮世繪版畫，也從「紅摺繪」至「錦繪」，完成了彩印版畫的技術，技法上完全不見層次較低的筆彩。但中國版畫，尤其通觀蘇州版畫之類的年畫遺品，很明顯地，並無法適應這種常識判斷。如後所述，儘管乾隆期美人童子畫，畫技術困難的大型版畫，在衣服花紋、器物、樹木、花卉等之上，仍採用精密多色的色版，但對人物顏貌一定用工筆描繪；也就是說，技術上即使達到自由驅使多色印刷的階段，仍然肯定筆彩並行的現象，這種傾向到近代仍根深蒂固〔註25〕。

爲何要補彩？因補彩與中國傳統色料的特質及印刷方法有關。就印刷方法而言，中國雕版印刷屬於凸版印刷，故印製品容易產生墨色不足的現象〔註 26〕。其次，中國畫的顏料雖然比較耐久，但有些顏色不宜平塗著色，否則會印出不均勻的效果〔註 27〕。尤其是，有些色料在繪畫表現方面非常需要，像白粉和金色，但都是印不上去，非用手繪不可〔註 28〕。因此，中國傳統年畫爲要達到充分的裝飾效果與觀賞價值，在套印後另行補彩是可以理解的。但是這道手續使中國傳統彩色印刷品價格較高，在與西式廉價印製品競爭時，居於不利的地位。

再其次，以楊柳青年畫爲例，每年春秋兩季各出一版，製造春季版在時間上很從容，圖案和顏色的品類較多，風格較爲高雅。秋季版製作時總是爲了趕時間，迎合顧客迫切的需要，在風格上比較粗獷〔註 29〕。但是因爲都是使用水性顏料，而顏色與氣候有很大關係，春天上色乾得快，因而色彩鮮艷；秋天顏色乾得慢，因而色彩較暗〔註 30〕。色彩較暗則美感不足，與之相較，石印年畫則沒有這個問題，因爲石印顏色是屬於油性的，它的特徵是使人感覺較爲嬌嫩，再就是色度濃

〔註24〕汪立峽《楊柳青年畫的由來》，《楊柳青版畫》，頁 18。
〔註25〕成瀨不二雄著、莊伯和譯《試論蘇州版畫》，《蘇州傳統版畫台灣收藏展》，頁 28。
〔註26〕楊暉《照相製版與平版印刷的原理和實用（上）》，頁 95。
〔註27〕梅創基《中國水印木刻版畫》（台北：雄獅圖書，民國 79 年），頁 68。
〔註28〕鄭振鐸、李平凡《中國古代木刻畫選集》，第九冊，頁 93。
〔註29〕李約瑟《中國科學技術史・紙和印刷》，頁 255。
〔註30〕謝克《我國的木版年畫》，《藝術家》，第一二九期（民國 75 年 2 月），頁 49。

艷，用深紅、深綠、深藍等色，構成極強烈的畫面〔註 31〕。尤其最大的特點是使用這些顏料時都摻和粉料，成爲一種新的粉彩，顏色變得極嬌嫩。這是過去任何時期的年畫所沒有的〔註 32〕。

從以上所述得知，中國傳統年畫由於受到顏料性質的限制，套印之後的「手工補彩」，是達到高品質彩色裝飾效果的不二法門。經過手工補彩的精美年畫，其品質非初級的石印彩色年畫所能比擬，但是清季不良的經濟條件已無法支持精美補彩年畫的生產，而一旦降低精美補彩的成分，傳統年畫的裝飾性效果因此而大打折扣，與之相反的，石印彩色年畫以其「油性顏料」的特性，不用手工補彩，已能獲致相當的裝飾效果。雖然石印年畫的色料不能經久，其色彩經日晒較易褪色，但是這個缺點對年畫的使用尚不構成妨害，因爲中國傳統各式的印刷品，發展到了清代，除了版印圖書較具長久保存性質之外；民俗、吉祥和宗教版畫，大抵都是「實用性」的東西，在人們平常的營生、交際、遊戲及年節、祭祀等場合上使用。有部分還不只實用，而且是「即用」的，就是說，使用後即任其損毀，或將其焚化〔註 33〕。例如神禡和「裝飾畫」都以實用爲主，不像有名畫家的作品，大家都要珍藏起來，傳之久遠的。比較起來，裝飾畫貼在門上時間比較長，等到顏色褪了就會把它撕下來，再換上一張新的、漂亮的，最多到年終大掃除時一定會除舊更新，把它撕下來。至於神禡都是在祭祀之前，臨時到店裡請來的，祭祀完了，立即用火焚化。由店裡請到家裡，最多供上十天半個月，有的只供上半天，就燒掉了〔註 34〕，傳統版印的即用性，在某些地區尤其顯著，例如，到了清代中葉，由於廣大民眾因宗教信仰上的需要，佛山雕印神禡類的宗教版畫數量，就遠超過一般年畫了〔註 35〕。

從以上所述，我們得以知道，雖然晚清圖像版印技術的現代化不盡順利，而且由表面看來，中國最後是「被迫、被動」的接受西洋技術。然而經過深入了解，我們發現，由於自明末以來，中國傳統版印逐漸講究裝飾效果，技術難度與生產成本隨之增加。到了清末，高裝飾性風尚的版印製作，已非衰敗的經濟條件所能負擔。這種內在環境的變化，使西洋石印術取得品質與價格的相對優勢，因而促

〔註 31〕潘元石《美術資訊．年畫特輯》（台北：行政院文化建設委員會，民國 76 年），頁 40。
〔註 32〕汪立峽《楊柳青年畫的由來》，《楊柳青版畫》，頁 18～19。
〔註 33〕雄獅美術《從版畫裡顯示的生活記台灣傳統版畫源流特展》，《雄獅美術》，第 180 期（民國 75 年 2 月），頁 89。
〔註 34〕歷史博物館《中國民俗版畫》（台北：民國 66 年），頁 104。
〔註 35〕潘元石《美術資訊．年畫特輯》，頁 24。

使中國社會主動地接受西洋技術與產品。

第二節　新聞需求與技術更新

社會需求是促進工業技術進步的重要動力。就圖像版印技術來說，自明末以來，除了「書籍插圖」、「書畫譜」、「裝飾性年畫」等傳統印刷品的需求之外，我們發現，有一部分的年畫，在講究裝飾效果之外，也有「知識性」的內涵，並隨著社會對新知的追求，發展出一種所謂的「新聞年畫」。在清季新聞市場漸次成長下，新聞需求與圖像印刷更新的關係，值得我們加以探討。

一、新聞需求與新聞年畫

首先就「新聞年畫」的發展來說。年畫雖以裝飾性爲目的，也有「寓意」作用，因此，年畫的內容，由裝飾性進而附加故事陳述、政令宣導。在民眾要求新鮮的情況下，社會與政治性的「新聞」，也常常在年畫裡出現。年畫寓意性表現的形式，除了獨幅版畫外，也有部分繼承連環故事圖畫的形式，創造出獨特的連環形式的年畫。此種年畫的製作，是把紙張先劃分成幾格到十幾格，將故事內容分佈在每一格中，然後按順序加以描繪。內容簡單的，一整張畫紙就可以容下；較爲繁複的長篇故事，就用兩張或三、四張畫紙來描繪〔註 36〕。如河北武強即出有此種連環形式的年畫（圖 15），其特點就是一齣戲分畫成四至十二幅，將全齣故事情節盡都表現出來，如將每齣戲的四個情節糊成燈籠，就像一套連環畫般〔註 37〕。其次，對政令即時宣導的配合方面，例如清初統治者爲了恢復生產，急需勞動力，所以提倡安居樂業，撫育兒女，人財兩旺。清初年畫中，大量出現的兒童娃娃和婦女撫嬰題材的作品，可說是具體反映〔註 38〕。

到了清末，由於社會變化加遽，來自各地的新奇事物愈來愈多，人們對年畫的內容往往要求其具備「新聞」性，而年畫作坊也力求滿足消費者（讀者）的需求，誠如王樹村所說的：

> 在小販挑選的畫樣中，一般總是要內容新鮮多樣的，陳俗舊套、看

〔註 36〕潘元石《蘇州年畫的景況及其拓展》，《蘇州傳統版畫台灣收藏展》（台北：行政院文化建設委員會，民國 76 年），頁 18。
〔註 37〕王樹村《戲齣年畫（上）》，台北，英文漢聲山版社，民國 79 年），頁 23～24。
〔註 38〕王樹村《中國年畫史敘要》，《中國美術全集．民間年畫》（台北：錦繡出版社，1989 年），頁 19。

久則膩的，群眾是不願選購的。如果小販去年背的是「庄稼忙」、「鎮潭州」、「大過年」，今年若仍然原樣桴了來，主顧見了就會說這是去年的老樣兒，不新鮮；那麼就須改換一部分或增添一些「田園豐收」、「金沙灘」，或「上海新馬路」等，沒賣過的新樣子。出版年畫的作坊呢，如果去年出了張「上海新馬路圖」，今年則必須增刻一些「女子上學堂」等，新鮮題材的畫樣，才會吸引住外地客商小販〔註 39〕。

晚清年間，隨著帝國主義的侵華戰爭，和革命運動的展開，年畫裡又出現不少以反對侵略戰爭，諷譏清朝腐敗，提倡變法圖強等等愛國主義爲題材的新畫樣〔註 40〕。事實上，早在鴉片戰爭後，帝國主義者侵略中國的戰爭已趨激烈；同時國內太平天國軍興，連年戰火遍野，社會動盪，動搖了清王朝的統治。此期間，反映現實社會生活題材的年畫裡，已出現不少描寫人民反帝戰爭、太平天國興衰、各地捻軍和反抗傳教士仗勢欺壓人民的作品〔註 41〕。甲午戰後，民族危機空間嚴重，在康有爲、梁啓超等人掀起維新變法運動後，民間年畫裡出現了一種新的「改良年畫」，題材內容多是提倡辦學堂、滿漢平等、提高女權等〔註 42〕。及至瓜分危機出現，民間年畫也做了及時的反應，如「北京炮打西什庫」是畫義和團反帝的故事；「剃頭做五官」是諷刺清朝官吏沒有文化而官職高；「唐山眞跡圖」、「上海火車站圖」介紹了礦業、交通等方面的新事物；「捉拿康有爲」表現了當時戊戌政變的一大歷史事件。在出現以時事爲題材的年畫同時，民間藝人還刻畫了不少單幅小畫流通市上。如天津甲午之戰，串小巷敲鑼賣糖者，皆代賣木刻小畫，用粉簾紙印，橫九寸、高五寸，所印除滑稽故事外，多爲戰事方面的消息〔註 43〕。

晚清年畫傾向於表達時事，並激發相當程度的政治與社會作用，且具有史料價值，誠如張秀民所說的：

> 年畫不僅用來豐富人民的文化生活，還被用來作爲諷刺政治腐敗，反抗帝國主義侵略的工具。楊柳青年畫繪製「成衣（裁縫）作知縣」，當堂被劈板。又於光緒 28 年繪「北京城百姓搶當舖圖」。清末洋人傳教內地，紛紛搶占土地，設立教堂，不少教民倚仗洋人勢力，魚肉鄉民，地

〔註 39〕王樹村《民間年畫瑣記》，《中國民間年畫史論集》（天津：楊柳青畫社，1991 年），頁 232～233。

〔註 40〕王樹村《中國年畫史敘要》，《中國美術全集．民間年畫》，頁 3。

〔註 41〕同上，頁 23～24。

〔註 42〕同上，頁 25。

〔註 43〕同上，頁 24。

方官畏洋人如虎，無不加以包庇。人民忍無可忍，不得不起來反抗，並利用小冊子及紅紅綠綠的諷刺畫，來作爲反帝鬥爭的武器。湖南長沙鄧懋華、曾郁文、陳取德等書坊，都出版了這些宣傳品。鄧氏所印的「謹遵聖諭避邪全圖」，有「鬼拜豬精圖」、「射豬斬羊圖」等 32 頁，激怒了在武漢的洋人。他們提出抗議，認爲這些作品侮辱上帝，侮辱人類，若不停止這種宣傳，當訴諸武力。1891 年他們把這書譯成英文，在漢口翻刻寄回，藉以激怒本國的統治階級，爲侵略中國作輿論準備。不出十年，八個帝國主義國家果然來了一次聯合侵略。八國聯軍打進天津後，版畫家又作出了「天津城埋伏地圖」、「董軍門大勝西兵圖」，描繪董福祥部隊大破洋兵，洋兵中地雷，粉身碎骨飛濺空中情形，大滅了洋人的威風。可見彩色版畫不只是裝飾欣賞，也常被用來作對敵鬥爭，宣傳愛國主義教育的有力武器〔註 44〕。

年畫的時事表現，從現存的一些反抗侵略戰爭的民間木刻畫等資料來看，得知自鴉片戰爭開始，到八國聯軍攻陷北京止，尺幅由小漸大，數量由少漸多，形成了民間美術的一個突出特點。尤其是義和團起義反抗帝國主義鬥爭的木刻年畫，更是大量刻印〔註 45〕。上述情形較諸其他種類年畫的發行狀況，尤其顯得格外凸出。如前所述，自乾隆末期滿清中衰以來，由於經濟力量的衰退，年畫的印刷數量已走下坡，年畫的尺幅也縮小了，但時事年畫在印刷數量與尺幅方面不僅不降，反而上升，可見時事年畫廣受民間歡迎之一般。

新聞年畫固然受歡迎，然而限於傳統版印的技術條件，它的發行卻沒有充分滿足市場需求的可能。因爲鴉片戰爭以後，西洋勢力進入中國，引起中國人注意的新奇事物愈來愈多，這些新奇事物以圖解方式呈現，自然比較容易被理解。但是新聞圖像的生命週期是短暫的，發行過的題材很少有再版的價值。由於木雕版製版不易，必須一再重刊始獲鉅利，因此木雕版顯然很不利於新聞圖像之刊印。其次，更由於新聞性題材的不斷出現（頻率、數量的增加），和人們的好新奇心理，值得刊印的新聞圖像愈來愈多，製版數相對增加，木版雕工也不易消化。

雕版技術不利於刊登新聞圖像，此一現象，我們也可以從清季報紙不流行刊登新聞插圖，得到印證。由表面看來，既然新聞年畫受歡迎，而晚清的新式報紙，其發行頻率遠高於年畫，因此，報紙應該是刊登新聞性插圖的理想媒介，然而事

〔註 44〕張秀民《中國印刷史》（上海：人民出版社，1989 年），頁 654。
〔註 45〕王樹村《反帝的民間年畫》，《中國民間年畫史論集》，頁 210。

實上報紙卻很少刊登新聞插圖。這是由於報紙的文字部分，是採用凸版印刷。文字既然使用凸版鉛字，與之拼版印刷的插圖，也當然需要採用凸版才行。在照相銅、鋅版傳入中國以前（此項技術於1902年始傳入中國〔註46〕），凸版印刷所用的印版，文字部份俱用鉛字排製，名人題字及圖片等，除了使用較昂貴的銅雕版之外，多仍須用木刻印版拼組而成〔註47〕。舉例來說，中國報紙的文字版，在十九世紀五十年代，已有個別報社採用鉛字印刷，到了七十年代，多數中文報刊都由木雕印刷改爲鉛字印刷了〔註48〕，但是圖像印刷，仍然保持木雕版或銅雕版的形式。而由於早期報紙使用木版或銅版製作插圖，生產數量有限，成本太高，因而抑制了新聞圖像的發行〔註49〕。

二、石印畫報的發展

大量印刷插圖，要等到石印技術發展之後才有可能〔註50〕這是由於石印術省略了雕版的手續，製版迅速，成本低廉，符合新聞圖像的發行條件。這項新的複製技術，使插圖成爲這個時代既價廉又普及的新聞素材。這種新技術起源於歐洲，再擴展到美洲，最後則散佈到東亞各國〔註51〕。

〔註46〕按西洋報紙插圖之製版，及至十九世紀中葉，照相製版方法發明以後，才改用照相與腐蝕方法所製得的線條及網點銅、鋅版（Zinc Block）印製。（楊暉《照相製版與平版印刷的原理和實用（上）》，【台灣商務印書館，民國54年增訂版】，頁17。）

〔註47〕在照相銅、鋅版普及之前，中國報刊插圖除了使用鏤雕銅版之外，都使用木雕版。以上海爲例，上海報刊上的初期插畫，追溯淵源，以1900的《南方日報》爲最早，繼其後者，有《時報》、《申報》、《新聞報》、《民呼日報》、《民吁日報》、《民立報》、《大共和》、《神州日報》等，也添插圖一門。當時鋅版還未發明，全都採用木刻，有時穿插在報紙各版，有的編入隨報附送的油光紙石印畫報中，《時事新報》則另出石印《圖畫旬報》，另行發售。（丁悚〈上海報紙瑣話〉，《上海地方史資料（五）》【上海社會科學院出版社，1986年】，頁89）

〔註48〕復旦大學《簡明中國新聞史》（福建：人民出版社，1985年），頁44。

〔註49〕中國報紙上最初所印的畫圖，都是不出乎曆象、生物、汽機、風景一類的範圍，圖畫都是用銅版鏤雕的，費錢很多。上海新報，在民元前42年（1870），每期刊「機器圖說」，繪一幅機器的圖樣，並加以說明，民元前40年（1872）起，報頭上曾刊有黃浦江風景圖。到了民元前30年間（光緒初葉），石印術流行起來，才開始有關於時事新聞的畫報出世。（張若谷〈紀元前5年上海北京畫報之一瞥〉，《上海研究資料續集》【台灣學生書局，民國53年再版】一書出版更早，其書中已提到這個現象，見頁333）。

〔註50〕康無爲（Harold Kahn），〈畫中有話·點石齋畫報與大眾文化形成之前的歷史〉，中央研究院近史所，1992年4月2日討論會論文，頁4。

〔註51〕同上，頁3。

嚴格的說，石印圖像在報刊上上的出現不能叫做插圖，它是單獨印刷的。因爲正如前面所曾敘述，報刊「插圖」以使用凸版最方便。而由於石印術是平版印刷，不能與鉛字直接拼版使用。但是完全用石版印刷圖畫卻很方便，於是石版畫報便獨立於鉛活字報紙之外，以圖繪爲內容另行印刷，並大大的暢銷起來。換言之，石印畫報並不是取代傳統的報刊插圖，而是開發新的領域。從光緒中葉到辛亥革命這段時期，在上海等地出版的石印畫報，竟有二、三十種之多。如點石齋畫報、飛影閣畫報、時事報圖畫旬報、圖畫日報、北京白話畫圖日報、瀛環畫報等。這時期國內的石印畫報可以用「風起雲湧」四個字來形容。當中創刊較早、影響力甚大，爲讀者所歡迎的，要算是《點石齋畫報》〔註52〕。1884 年創刊於上海的點石齋畫報〔註 53〕，在前後十七年間，共刊行「新聞圖畫」四千六百五十三幅〔註 54〕，這個數量是相當龐大的。尤其較諸楊柳青年畫於數百年間才累積畫樣近三千種，石印畫報的生產數量與生產潛力是更爲可觀的。

以點石齋畫報爲例，來說明清季新聞圖像大幅成長的情形，學界或有不同意見，認爲「點石齋畫報」的新聞性不足〔註55〕，或認爲內容至爲雜亂，不能以「新聞」一語概之，薩空了即指出：

> 中國之有畫報，半係受外國畫報之影響，半係受傳奇小說前插圖之影響，此應爲一般人之所公認。雜揉外國畫報之內容，與中國傳奇小說之插圖畫法與內容，而成點石齋式之畫報。其內容有新聞（實事與神怪性誇大性之新聞並重，可爲中外合攙之一證），有百美圖、百卉圖、百獸圖（此係仿效中國畫譜），名人書畫（此或係仿效外報之藝術作品介紹），海上時裝（此係仿效外報之時裝介紹）等類。故中國石印時代（1884～1920 年）之畫報其主旨實至紊亂，可視爲畫譜，可視爲消閒插畫，亦可

〔註52〕潘元石〈談點石齋與飛影閣石印畫報〉，《雄獅美術》，第七十六期（民國 66 年 6 月），頁 95。

〔註53〕「點石齋畫報」於光緒 10 年 4 月（1884）創刊於上海，它是當時有名的《申報》之附屬刊物，主持的人物，就是申報創辦人美查（Ernest Majar），該畫報每月分上中下三旬各出報一次，每次刊載畫圖新聞八幀。發行至光緒 26 年，共出刊畫報六集，合爲 44 冊。該畫報係由繪師精繪時事，用西洋引入的石印術印刷而成。它是中國最早，也是最具規模與歷史價值的石印畫報。

〔註 54〕見王爾敏著〈中國近代知識普及化傳播之圖說形式．點石齋畫報例〉，《中央研究院近代史研究所集刊》，第十九期（民國 79 年 6 月），頁 137。

〔註55〕戈公振在其所著的《中國報學史》一書中即說：「石印既行，始有繪畫時事者，如點石齋畫報，飛影閣畫報，書畫譜報等是。惜取材有類聊齋，無關大局。」（戈公振《中國報學史》，頁 333）。

視爲新聞畫報〔註56〕。

對於這一點爭議，康無爲（Harold Kahn）有不同的看法，他認爲從比較寬鬆的定義來看，點石齋畫報仍不失新聞的特質，他說：

> 有關點石齋畫報的歷史意義，在學界已引起若干爭議。有些人認爲此畫報的內容怪誕不經，充其量只是聊齋誌異的現代翻版。王爾敏不同意此項看法〔註57〕，他指出畫報僅有六分之一刊載這一類題材，其餘大部分則是傳播新觀念與重要時事。我認爲他的看法是正確的。不過，在此我想從另一的角度分析點石齋畫報的意義。我想，任何新聞都是經過挑選才刊登的，而其題材多半傾向於選用新奇古怪事物的報導。因此，新聞本身並不那麼重要，重點在於新聞刊載的方式與版面安排。我們所謂的新聞，往往包羅萬項，其中有奇人怪事，也有正經議題；題材有通俗事務，也有創新發明之物；有實事報導，更有虛構；有街談巷語，亦有官方公告。這些形形種種的消息，在我們的腦海裡，共同鋪設了一個我們所理解的世界。新聞可能是極不精確、瑣碎或具高度娛樂性；它可能是益智的或有教育性的；新聞更可能是上述所有功能的結合〔註58〕。

事實上，薩空了將百美圖、百卉圖、百獸圖與海上時裝，一併歸納稱之爲「點石齋式的畫報」，這是不週延的說法，因爲這些內容都是在點石齋之後，另行發展的石印畫報，它們並不是點石齋畫報的內容。這個區別，可以從點石齋畫報主要畫師吳友如對畫報的經營經過看出來。吳友如從1884年開始主持「點石齋畫報」之繪畫，1890年，獨資開設「飛影閣畫報」，飛影閣畫報出版後的第三年（1893），吳友如另創辦一種新畫報，名爲「飛影閣畫冊」。此畫冊和上述兩種畫報不同，它是純粹藝術性的刊物，也可以視爲按期發行的畫冊。畫冊內有仕女、名勝、鳥獸等類圖。吳友如出版這種畫冊的動機，他在畫冊上曾這樣說：「以謂畫新聞，如應試詩文，雖極端揣摩，終嫌時尚，似難流傳」。此後，吳友如即不再繪畫時事新聞圖了〔註59〕。由此可知，吳友如在主觀上，確實是自認爲他在點石齋畫報裡所畫的即是「新聞」。只是後人認爲其新聞性不足罷了。

〔註56〕薩空了〈五十年來中國畫報之三個時期〉，《中國現代出版史料（乙編）》（北京：中華書局，1955年），頁412。

〔註57〕按王爾敏氏著有〈中國近代知識普及化傳播之圖說形式．點石齋畫報例〉一文，載於中央研究院近代史研究所集刊第十九期。

〔註58〕康無爲（Harold Kahn）〈畫中有話．點石齋畫報與大眾文化形成之前的歷史〉，頁7～8。

〔註59〕潘元石〈談點石齋與飛影閣石印畫報〉，《雄獅美術》，第七十六期，頁96～98。

的確，點石齋畫報的內容是包羅萬象，包括奇人怪事、創新發明、街談巷語，這些內容嚴格來講，或許並非「時事新聞」，但是對讀者而言，卻是不折不扣的新鮮事物。過去以木版雕刻圖畫，由於製作不易，有許多有趣的社會新聞都不曾以圖畫的形式印製出來，而這個缺憾被石印術給克服了。另一方面，點石齋畫報經常刊載已經失去時效性的新聞畫面，原因是新世界對中國人而言，由於長年隔閡，「舊聞」也是新聞。這種現象，潘賢模即曾指出：

> 十九世紀的中國報刊，仍是在萌芽階段，電訊尚未普遍使用，除了少數特殊階級外，一般國人對於世界地理政事，所知無多，還以爲「天下」就是中國，「普天之下，莫非王土，率土之濱，莫非王臣。」英國特派使到北京，竟稱他們爲「貢」使，說是來進貢的，要他們叩首下跪。愚昧無知，今日看來，實在好笑！在這種情形下，世界上任何事件，傳入中國，都可以變成「新聞」〔註60〕。

用石印術印刷新聞圖像，在晚清時期，受到中國人普遍歡迎，這是石印術能夠順利打入中國圖像印刷市場的原因。以點石齋畫報爲例，因受到了廣大讀者的歡迎，每期出來，很快就被爭購一空，以致石印局不得不一再添印〔註61〕。1884年6月19日申報一篇題爲〈閱畫報書後〉的文章中也說：「今點石齋以畫報問世，……購者紛紛，後卷嗣出，前卷已空，由後補前，司石司墨者日輒數易手，猶不暇給。噫，是殆風氣之漸開，而人心之善變歟，不然何其速也〔註62〕！」

中國傳統年畫雕版，每次以印刷五百份爲原則，而石印畫報既稱供不應求，其每一期的印刷數量必然相當可觀，王爾敏估計在萬份至二萬份之間，他說：

> 至於點石齋畫報之銷售數量，迄未見到一個正式記載。因其隨「申報」派送，可就申報發行量作一推測。畫報創刊初，序文明白說出，申報之發行是「日售萬紙」，當可推知點石齋畫報銷量當高於此數。申報銷售高峰俱在光緒前大半期，光緒二十六年（1900）以後，由於競爭者眾，始漸走下坡。大致在高峰時每日售出二萬份，後期降至六七千份。點石齋畫報與之配合，銷售估計，當略高於此數。
>
> 點石齋畫報配合申報發行，並亦單獨售賣，其所達成知識之普及，

〔註60〕潘賢模〈近代中國報史初篇〉，《新聞研究資料》（北京：新華出版社，1981年），總第七輯，頁302～303。
〔註61〕俞月亭〈我國畫報的始祖·點石齋畫報初探〉，《新聞研究資料》，總第十輯，頁151。
〔註62〕同上，頁179。

新知之推廣，就數量而言，應多保持萬份至二萬份之間，當可相信〔註63〕。康無為（Harold Kahn）也說，點石齋畫報的發行量未超過一萬五千到二萬份〔註64〕。但是既然點石齋畫報配合申報發行，也單獨售賣，可見每一期初次印刷的數量必然高於申報的發行數量，又如申報〈閱畫報書後〉一文所指稱，由於供不應求，畫報需要一再添印，可見王爾敏與康無為的估計應該是非常保守的。它的實際印刷數量該當還要高，顯然非傳統年畫作坊所能承擔。

石印畫報之盛行，另有一項重要原因，即石印畫報因製作方便，得以增加發行期數，較諸「年畫」之顧名思義，大致上是以一年為週期，畫報的發行週期遠多於年畫，有月刊、半月刊、週刊、甚至日刊等。而且售價便宜，甚至附隨報紙，免費贈送。當時各畫報，多數的售價每份僅銅元一、二枚〔註 65〕，點石齋畫報一期刊載圖像八幀，隨申報附送，不另收費，單獨零售，只索價銀三分〔註 66〕。申報與點石齋畫報為旬刊性質，至於新聞紙逐日附送畫報單頁，據所知，似始於「新聞報」，創刊期為光緒十九年（1893）二月，隨報附送。因「新聞報」之提創，嗣後各大報，競送畫刊〔註 67〕。以上海為例，光緒、宣統年間出版的報紙，大都附送畫刊，以光紙石印，有的以諷刺畫、人像畫為主，有的以新聞畫為主〔註68〕。

石印畫報能夠廉價發行的原因，主要是省略了「雕版」的工序，其次是由於石印畫報是以單色印刷，比年畫的套版印刷省事，也省略年畫的填彩手續。在清代，圖畫印刷講究彩色的裝飾效果，素色的石印畫報能夠在這種時代條件下取勝，除了廉價之外，應該歸功於畫報以「寓意性」的內涵戰勝了年畫的「裝飾性」特色。這是由於清末外患加遽，革命力量抬頭，清廷的社會控制力量弱化，才使得「寓意性」圖像應運而生。而所謂畫報「寓意性」，指的是畫報比一般年畫多了新聞性、宣傳性和知識性。寓意畫表述的重要在於其內涵，對畫面的色彩美感較不重視，因此，以石印術印製新聞畫報，在不強調裝飾性效果的前提下，技術上的應用已足足有餘。換言之，新圖像寓意性內涵的提高，促使裝飾性要求的降低，

〔註63〕王爾敏著〈中國近代知識普及化傳播之圖說形式．點石齋畫報例〉，頁 168。
〔註64〕康無為（Harold Kahn）〈畫中有話．點石齋畫報與大眾文化形成之前的歷史〉，頁 7。
〔註65〕薩空了〈五十年來中國畫報之三個時期〉，《中國現代出版史料（乙編）》，頁 408～411。【另按：清季銅元二枚約值銀一分五厘（參楊家駱編《中華幣制史》，〔台北：鼎文書局，民國 62 年〕，第五編，頁 34～35）】。
〔註66〕見王爾敏著〈中國近代知識普及化傳播之圖說形式．點石齋畫報例〉，頁 140。
〔註67〕阿英〈中國畫報發展之經過〉，《良友畫報》，一五〇期（民國 29 年元月）。
〔註68〕容正昌〈連環圖畫四十年〉，《中國出版史料補編》（北京：中華書局，1957 年），頁 289。

而這正彌補了初期石印彩色能力不足之處。

第五章　傳統與現代技術之交融

第一節　傳統技術困境之紓解

中國傳統圖像版印，發展到了明末，爲了迎合社會上對「纖細」產品的愛好，雕工著重「線條」的精雕細琢。注重裝飾效果，筆筆交待清楚，刀刻絲毫不苟。不論是寫實的、寓意的，象徵的或程式化、類型化的處理，無不注重線條的運用。在技法上，以線條的粗細、曲直、起落、繁簡、疏密，來表現客觀事物的遠近、體積、空間和質量等關係，並運用虛實相生、動靜對照、繁簡互襯等對立統一的規律，來刻劃人物〔註1〕。而由於這一行業要求高超的技藝，也許只能親自傳授，因而大多在同族中代代相傳。最有名的刻工出自最佳紙墨產地新安（今安徽徽州、歙縣）的黃、汪、劉三姓，特別是黃姓，他們一族幾代就出了一百多位刻工〔註2〕。萬曆、天啓、崇禎年間，凡附插圖之書，殆十之六七出於黃氏諸刻家之手〔註3〕。

一、傳統技術的侷限

上述這種技術的家族世襲性，卻導致版畫所表現的重心，往往不是繪畫風格的忠實重現，而是展現陳陳相因的「刀功」。這種現象，鄭振鐸曾加以批評，認爲傳統版畫插圖精巧有餘，但是個性不足，他說：

> 徽派的版畫，談不到什麼「力」，什麼深刻的人性的表現。他們祇是以雕刻版畫爲生的匠人的作品。他們摹刻著名家的畫稿，或自有那麼一

〔註 1〕周蕪《徽派版畫史論集》（安徽：人民出版社，1984 年）頁 14～15。
〔註 2〕李約瑟《中國科學技術史．紙和印刷》（上海：上海古籍出版社，1990 年），頁 234。
〔註 3〕鄭振鐸〈譚中國的版畫〉，《良友畫報》，第一五○期（民國 29 年元月）

套譜子；父以是傳之子，兄以是傳之弟，子以是傳之孫。……你衹要翻開一本明代徽板的劇曲，……個個美人都像是從一個模子裡鑄出來的，而笑和愁、哭和作態，也都是陳陳相因，沒有什麼強烈的個性可見。不錯，那山和水，那石和樹，那房室和園亭，那室內的佈置，那廊廟和軍營的生活形相，也都是那麼一套譜子，不相殊，無甚變化；甚至那水波的洄游，岫雲的舒捲，茶煙的裊裊，奇石的嶙峋，也還是那麼一套譜子，甚至衣衫的襞痕，髮髻的式樣，文武百官，宮人傭僕的冠裳打扮，也都有那麼一套譜子，看不出時代的特點，看不出地域的色彩〔註4〕。

明代雖然有許多知名的畫家，熱心的參與了版畫的雕刻工作〔註5〕，但是卻不足以扭轉傳統版畫陳陳相因的「刻版現象」。因爲這些大畫家在參與版畫創稿時，並不是隨心所欲、可以盡情發揮筆墨情趣的。他們在創稿時必須慮及後續的雕版與印刷條件，才可能達成大量生產與精緻印刷的目的。蓋當時的畫風講求水墨渲染的層次效果，與水墨淋漓的即興作風，這種繪畫效果很難用刀在板上做有效呈現。特別是在大量印刷的量產流程，以及刻刀雕鏤技法的約束下，水墨淋漓的效果和佈置，自然受到相當程度的拘限〔註6〕，甚至單純的墨白對比，都很難做有效的呈現。我國古代版畫作者也曾試用過大塊墨白對比，來表現雪景、夜色、湖面等，以增強畫面效果，但是未能推廣，這是因爲成批生產的水印木刻，黑色面積過大，常常印色不勻，效果不佳，在實踐中不爲後人重視而被淘汰了〔註7〕。因此，這個時候，絕大多數的版刻圖像爲了大量印刷，並順應版畫刀筆鐫刻表現的特性，並沒有刻意追求水墨暈染之趣味，轉而用刀刻線、鑿點等方式，來經營紋飾、皴法的符號〔註8〕。

從上述得知，雕版不僅是畫稿的翻版，雕工還要基於工具與材料的條件，進一步發揮雕刻的特長，糾正畫稿中不適合刻印的部分。畫家在作畫時也要考慮到版畫的特點，調整自己的線描〔註9〕；然而繪畫與版刻之間互相調適的空間是有限

〔註4〕同上。

〔註5〕如唐寅爲西廂記作插圖，仇英爲列女傳插圖起稿，便是明顯的例子。此外，像陳洪綬、鄭千里、趙文度、劉叔憲、藍田叔、顧正誼、汪耕、劉明素、蔡元勳、陳起龍、丁雲鵬等等名家，都曾或多或少對版畫發生興趣，貢獻了智慧與心力。（吳哲夫〈中國版畫（下）〉，《故宮文物月刊》，第一卷第八期【民國72年11月】，頁109。）

〔註6〕黃才郎〈明代版刻圖像的畫面經營〉，《明代版畫藝術圖書特展專輯》（台北：中央圖書館，民國78年），頁285。

〔註7〕周蕪《徽派版畫史論集》，頁14。

〔註8〕黃才郎〈明代版刻圖像的畫面經營〉，《明代版畫藝術圖書特展專輯》，頁290。

〔註9〕李致忠《中國古代書籍史》（北京：文物出版社，1985年），頁144。

的。不同繪畫風格對版刻的調適能力並不相同。舉例來說，一般書本圖籍的尺幅有限，粗疏狂逸如浙派的作品，在縮小之後可能造成筆墨特性減弱或消失，而粗筆寫意的筆墨，時有成塊面狀的部份，難以表現其墨韻。萬曆、崇禎年間，吳派的繪畫已走向衰落，畫壇新興者如董其昌、趙左、沈士充等之華亭派，徐渭之寫意花卉，可能由於新興的繪畫甚重筆墨濕潤或水墨淋灕之趣，難表現於版畫上，以致吳派的影響仍佔相當的重要地位〔註 10〕。換言之，吳派的繪畫雖然已經衰落，但是由於其繪畫風格具有可雕性，在雕版作坊裡自然受到較大的歡迎。

不同畫派在版印製作領域裡的消長，以其是否具有可雕性而定，這項規律就各別的畫家而言，也是如此。當時參與版畫繪稿的畫家不在少數，然而僅丁雲鵬、陳洪綬兩位人物畫家的作品較多，因為他們都擅長白描人物，很適合作為版畫之畫稿。尤其陳氏之「藉刀筆以資其畫」，實是明末參與版畫中，最成功的一位畫家〔註 11〕。陳洪綬的繪畫在明末版印製作上的成功，它告訴我們，傳統圖像版印的「刀、板」條件，對畫稿的選用，是居於主導地位。般登國對這個現象，即以陳洪綬為典範做了說明。他說：

> 由於中國傳統版畫的工具是刀與木，在表達上受了相當的限制；一般而言，它拙於濃淡渲染的層次效果或水墨淋灕的即興作風，而是大量地運用線條，構成畫面上的主要輪廓和輔助文飾。線條的變化與運用，原來是中國繪畫的特色之一，在版畫中它仍是表達的主要媒介。而陳洪綬的畫風，即是「線條性」的。……其十九歲所繪的「九歌圖」，當初只是因讀楚辭有感而作，二十二年後竟能以原圖付刻，也說明了洪綬繪畫的「可雕性」〔註 12〕。

傳統版印的雕工對畫稿風格的影響力量，我們也可以從文字雕版的演變情形，獲得一樣的認識。在過去，文字雕版完全仿刻書法名家的毛筆字，但是這種字體的刻製比較難，明代中葉以後，雕工們乃遷就「刀、板」的慣性，另創簡便的新字體，這種工匠寫刻的字體，完全排除毛筆字的柔美特性，改採橫豎筆畫都成直線的方式。這種字體俗稱「匠體字」，或「宋體字」，它是現代「印刷字體」的始祖。在匠體字出現之前，文字雕版在刀法上與圖像雕版差異不大，都是對筆法的摹刻。但是匠體字的構造則完全遷就工匠操刀的方便性，這種規範化的字體

〔註 10〕林柏亭〈明代刻本與明代畫家的參與〉，《明代版畫藝術圖書特展專輯》，頁 266～267。
〔註 11〕同上，頁 267。
〔註 12〕般登國〈葉子與繡像．談陳洪綬的木刻版畫〉，《雄獅美術》，第六十四期（民國 65 年 6 月），頁 52～53。

缺乏流利生動的感覺，由藝術角度觀之，也是一大退化〔註 13〕。但是卻有利於提高刊板寫板的效率，這和出版業的商業化是相適應的〔註 14〕。以工價而言，不論寫字或是刻字，匠體字都要比毛筆字便宜一半〔註 15〕，無怪乎這種字體能夠成爲以後印刷文字的主流。

「匠體字」開發的成功，顯示傳統版印技術由於雕版困難，自然使「雕工」位居技術主導地位。匠體字就是雕工主導下的產物。

中國木雕版印以雕工爲核心的組合，通行於文字雕版，也通行於圖像雕版，王伯敏即以明代爲例，敘述了版印作坊的工作情形，很清楚的顯示出雕工在傳統圖書出版上的關鍵性地位。他說：

> （明）雕刻作坊一片興旺景象，作場刻鑿之聲，如箏如鼓，終日不息。年關趕工，夜闌更深，燈光通明。據所載，一部圖書，到了計議定妥，落版之前，主人必以厚禮聘請繪師，以重金招收雕工。他們慘澹經營，晝夜琢磨，不容一點草率。如十竹齋主人胡正言，對刻工「不以工匠相稱」，具與刻工「朝夕研討，十年如一日」〔註 16〕。

從上述得知，中國傳統版畫的製作，「雕工」扮演很特殊的角色，一方面由於傳統版印生產仰賴刀具對木版的雕鑿，因此雕工是生產作業裡的主要角色。他們在雕版的過程裡，總是要求配合刀具與板木的特性，傳統版印所呈現的風格，其實是在他們操控下相當固定性的風格，但是，從另一個角度來看，雕工在雕版時也並未表現出「刀味」與「木味」，因爲傳統版畫基本上仍然是「筆法」的複製，而非「刀法」的陳現。也正因爲這樣，中國傳統版畫的製作，雕版者與繪畫者都是不自由的，繪畫者在創稿時要配合「刀、板」的特性，雕刻者在雕版時則要設法隱藏「刀味」與「木味」。

〔註 13〕誠如葉德輝所責稱的：「古本均係能書之士各隨字體書之，無有所謂宋字也。明季始有書工專寫膚廓字樣，謂之宋體，庸劣不堪。……古今藝術之良否，其風氣不操之於搢紳，而操之於營營衣食之輩，然則今之倡言改革大政，變更法律者，吾知其長此擾攘不至於禮俗淪亡、文字消滅，未已也。」（葉德輝《書林清話》〔台北：文史哲出版社，民國 77 年影印〕，頁 89～90。

〔註 14〕嚴佐之《古籍版本學概論》（華東師範大學，1989 年），頁 127。

〔註 15〕楊繩信〈歷代刻工工價初探〉，《歷代刻書概況》〔北京：印刷工業出版社，1991 年〕，頁 560；張秀民《中國印刷史》〔上海人民出版社，1989 年〕，頁 755。

〔註 16〕王伯敏〈中國古代版畫概觀〉，《中國美術全集・版畫》（台北：錦繡出版社，1989 年），頁 7～8。

二、技術困境之紓解

「繪、刻」兩個重要工序互相牽制的現象，要等到石印術引入，並以石板取代木板做爲材料之後，才獲得紓解，這是由於石印術根本取銷掉「雕版」的工序，石印術是平版印刷，畫家的畫稿只要轉寫到石板上，就可以原原本本的複印出來〔註17〕。

既然傳統木雕版畫在創稿時會受到雕刻條件的限制，石印圖畫則免除了雕版的需要，構圖應該遠較木雕版畫自由，其展現的風格也應與傳統木雕版畫有相當的差異。但是以清季風行一時的「點石齋畫報」而言，學者們卻異口同聲的說，畫報乃繼承了中國傳統的繪畫與版印風格。俞月亭說：「點石齋畫報的畫，都爲單線白描，無論山川人物，房屋器皿，都極纖細工巧，生動逼肖。」但「點石齋畫報的畫，也全部是當時我國的畫家如吳友如、張志瀛等所作，他們的畫雖然也受了西洋畫的一些影響，但仍然是中國的風格，人物布景，纖巧淋灕，神情逼肖，符合中國讀者的欣賞習慣，加上印刷的精美，自然中國人也就愛看了〔註18〕。」王爾敏說：「就畫風而言，點石齋畫家完全承襲明代木雕版畫風格，始終是中國畫法〔註19〕。」史全生則說：「點石齋畫報在表現形式上既繼承了中國傳統的技法，吸取了明清時期版畫木刻藝術的特點，同時又吸取了西洋畫法中的透視法和人物解剖知識，構圖佈局、人體結構都較合理。又由於內容上的新穎活潑，時代生活氣息強，因此有著廣泛的群眾基礎〔註20〕。」一般漫畫也同，華克官說：「這時期的漫畫，在藝術形式方面，很大程度上保留了民族繪畫的傳統特色，構圖和筆法雖然吸收了外來繪畫的一些技法，但基本上是在傳統中國畫的基礎上發展的，例如線的勾勒方法多用中國畫勾勒法，山石和樹木的造型仍保留深厚的傳統特點。由於報刊美術當時多爲石印，這時期的漫畫也基本上是以線做爲造型的手段〔註21〕。」

〔註17〕木雕版對線條的表現能力不如石印術，例如清末楊柳青健隆新記和隆盛書店兩作坊，曾試圖用細線木刻方法刻版，以求達到石印明暗的效果，印出後烏濁一片，致被後人譏之爲「墨老黑」。不久，這類版片（約二百種）就變成歷史陳物了。（王樹村〈楊柳青年畫史概要〉，《中國民間年畫史論集》，頁20～21）。

〔註18〕俞月亭〈我國畫報的始祖·點石齋畫報初探〉，《新聞研究資料》（北京：新華出版社，1981年），總第十輯，頁152、153。

〔註19〕王爾敏〈中國近代知識普及化傳播之圖説形式·點石齋畫報例〉，《中央研究院近代史研究所集刊》，第十九期（民國79年6月），頁166。

〔註20〕史全生編《中華民國文化史》（吉林文史出版社，1990年），頁195。

〔註21〕華克官〈近代報刊漫畫〉，《新聞研究資料》（北京：新華出版社，1981年），總第八輯，頁80。

由於石印畫報的繪畫者仍然是中國傳統的畫師，例如點石齋畫報開始徵求畫師的時候，蘇州年畫畫師吳友如、金蟾香等人，都到上海來替點石齋畫報繪稿〔註22〕，尤其吳友如且成為該畫報的主力畫師。是否在此前提之下，石印畫報的畫家已習慣於木雕風格的繪畫，以致傳統全部被承襲？如果以點石齋畫報與傳統木雕版畫做比較，可以發現一些有趣的現象。大體上，兩者的確沒有差別，但是由細部觀察，發覺石印畫報在構圖方面，的確有異於傳統版畫之處。

傳統版畫是以「線條」做為圖像表達的主要方法，但是點石齋畫報對線條的運用，顯然比傳統版畫更勝一籌。傳統木雕刻版，固然能夠在極小的面積內，刻滿精密的線條，但是這種雕刻方式，一方面要仰賴技術高明的雕版師父，另一方面還需要具備質料細密、價格較高的木料。其次，傳統木雕版，即使有高明的雕刻師父與細密的木料，仍然有其他的技術瓶頸，因為線條雕得細，則不宜同時也雕得很深，否則這些細密的線條很容易崩損。為了讓線條更緊密的靠在一起，也沒有深雕的條件。不過雕得太淺，木板又不耐久印。換言之，傳統的木面雕版技術存在「精致」的極限，以及與「大量印刷」的矛盾性。因此，雖然線條結構是中國傳統圖像版印的特色，但是由於種種條件的限制，線條的緊密結構並未能大量、普遍的使用。

中國過去這種善用線條，卻又無緣大量使用的困難，在點石齋畫報裡得到化解。以直線的使用為例，密度較高的直線，傳統版畫經常用它來表現屋頂的瓦片、牆面以及地板的結構。雖然過去有些畫面也不乏比較充裕的使用，但是傳統版畫對高密度線條的使用，通常相當的精減與克制。以瓦片結構為例，傳統版畫經常只畫出整個屋頂的某一個角落，或是只畫出整個屋頂的下半截（圖 16、17），籍以顯示場景的座落，如此，既達到表述的效果，也省卻精密線條的大面積雕刻。有時候甚至在已經省略為屋頂一個角落的瓦片上，很不搭調的再以線條寬鬆的雲彩結構蓋掉瓦片的一部分（圖 18、19），這樣更能省略細線雕刻的必要，與傳統版畫相反，點石齋畫報很喜歡做屋頂瓦片的描繪，含有屋頂描繪的畫幅，數量相當多，它不像傳統版畫通常只是以屋瓦做為點景，而是大面積的使用，而且常常不只是展露一棟建築物的屋瓦，點石齋畫報甚至喜歡採用鳥瞰的方式，在一個畫面上同時展露許多建築物的屋瓦（圖 20、21、22），如此一來，由於屋瓦的大面積描繪，同時又使用細密的線條，它在整個畫面上變成很顯眼，具有裝飾效果。

〔註22〕潘元石〈蘇州年畫的景況及其拓展〉，《蘇州傳統版畫台灣收藏展》（台北：行政院文化建設委員會，民國 76 年），頁 23。

換言之，屋瓦結構由傳統版畫的點景作用，轉化爲畫報裝飾效果的主體。這種轉變當然是由於石印術免除了雕版之困難所致。

更進一步觀察，可以發現，傳統版畫的屋瓦結構，即使是供做近景使用，也經常比照處理遠景的方式（圖 23），不將每一塊瓦片用橫線逐一細加描繪區隔，只用成串的平行直線顯示出不同的行間關係（圖 24、25、26），其實這種構圖方式適於表現遠觀的效果，因爲近觀時每一片瓦的結構應該都是清晰的，傳統版畫如此以遠觀模糊效果的構圖，來取代近觀的清晰線條，無非是爲了節省雕版的功夫。另一種變通方法是將瓦片用斷續的橫線做表示，但是卻省略掉直線的部份（圖 27），此種做法在技術上與前述雕直線的效果一樣，同樣都避免在木面板上做高密度（高難度）之交叉線的表現。與此相反的，點石齋畫報對屋瓦的繪畫，大致上對近景都是將每一塊瓦片逐一用橫線做區隔，甚至對遠景也盡量使用這種畫法（圖 28、29、30〕，這樣的細微表現，已經超過正常視覺的效果與需要。傳統與現代技術在這方面截然不同的表現，其主要關鍵仍繫於雕版工夫的存在與否。

除了屋瓦的表現方式不同，在牆面、地板結構等方面，傳統版畫與石印畫報之間也有類似的歧異，大致上都是傳統版畫用線從簡，現代畫報用線從繁。以牆面的表現爲例，石印畫報似乎刻意鋪陳複雜的線條（圖 31），甚至選擇木雕版畫很難表現的極細緻線條，作爲牆面之佈置（圖 32）。

點石齋畫報還流行使用一種傳統版畫不常使用的線條結構，那就是以直線交叉成的網狀結構。傳統版畫很少使用網狀交叉線，這是由於木面版一旦採用這種雕法，如果網狀結構很密，不但很難雕刻，雕成的線條也容易崩碎掉。但是這種網狀結構卻被石印畫報大量採用，其中一種是針對實物的據實描繪，例如裝東西的竹簍子（圖 33、34、35），或者是窗戶上的網狀結構（圖 36、37），因爲它是實物的描繪，傳統版畫也偶而會少量使用。然而石印畫報卻更進一步把網狀結構使用在其它方面，造成傳統版畫技術所不曾有的特殊效果，例如人物身上所穿的深色衣服，石印畫報通常使用這細密的網狀線條來達到視覺上的效果（圖 38、39、40），這種方便是傳統木雕版畫所不可能享有的，石印畫報卻得以大量的使用。

除了線條使用的方便性，傳統與現代有別之外，點狀結構的使用也是如此，傳統木雕版由於是採用凸雕的方式，太細的點狀結構與細密的線條一樣，有「難雕易毀」的難題，因此點狀的粗細與使用範圍都受限制，但是石印畫報由於沒有雕版的負擔，細密的點狀結構被大量使用，它以細點表現物品，尤其是衣著的淺色、灰色效果（圖 41、42、43），在視覺上甚具成效。在石印畫報裡，細點的表現不僅用於造成衣著的灰色效果。對其他景觀的描繪也是一樣方便，例如以細點來描繪雲彩、風砂、草堆、牆壁等等（圖 44、45、46），都達到相當理想的效果。又例如以細密的小點來描繪樹葉的結構（圖 47、48、49、50），尤其能襯托出整個畫面的立體效果。

由於上述這一類化簡爲繁的現象普遍存在於石印畫報上，因此實在很難說石印的繪畫風格完全襲取了傳統的木雕版畫，但是也說不上是風格的創新，或許只能說是傳統技術困境的紓解罷了。

整體性的比較中國傳統木雕版畫與點石齋石印畫報，發現它們都是以線條的結構爲主體，但是很顯然的，石印畫報的圖畫比較生動，也比較有立體感。單獨觀看各畫幅時，能夠給人濃淡、深淺有致的清爽感覺，逐一翻閱全冊畫報，也不會產生各畫幅之間陳陳相因的感覺。點石齋畫報的繪畫，可以說是比傳統版畫多了一層「近乎寫實照片」的效果。它與西洋繪畫的風格已較爲接近。事實上，明清之際，西方的繪畫風格已輸入中國，並短暫的流行於版畫製作的領域，不久卻消退了。西方版畫風格在明清之際爲何無法在中國持續流行？歷來學界多所解釋，但是有一點可能的關鍵因素卻未被觸及到，那就是傳統木面雕版存在著西方風格表現上的技術瓶頸。而清末的畫報由於免雕版之苦，得以將中國傳統版畫技術裡的「點、線」結構發揮到雕版技術無法達到的境界，這種技術的大量、普遍使用，才造成點石齋畫報西洋風格的立體效果。清末這種技術條件對繪畫風格移植所提供的便利，是明清之際的環境所沒有的。

就另一個層面來看，點石齋畫報的主力畫師都只是傳統年畫畫師的原班人馬，而年畫之構圖比起一般傳統版畫，尤其更不講究寫實效果，它們表達的重點，經常是偏向比例誇張的裝飾性。但是這些不用講求寫實風格的畫師，在轉業後，卻能夠有高度寫實效果的繪畫表現。

從上述現象可看出，透過版印所呈現的圖像，其技術表現的形態，受製版工具與材料的影響，遠過於受到繪畫技巧的影響。中國過去固守傳統版印風格，並排除西式的寫實風格，其原因應該與傳統雕版材料的性質有關。而清末這一波圖像版印技術的演變裡，中國的繪師沿襲傳統的繪畫技法，在新製版材料的有利條件下，掙脫出傳統版畫「刀、板」所結合的技術瓶頸，達成了傳統版畫原本可欲而不可求的技術成就。

第二節　新技術與傳統社會文化之存續

在中國古代，由於「線條」既是繪畫的形式，也是書法的形式，清季石印術對繪畫的印刷形式有影響，對書法的印刷形式也必然有所影響。前面曾提到，中國在明朝中葉以後，工匠爲了提高文字雕刻的效率，遷就「刀、板」特性，推出了印刷字體（或所謂的宋體字），此舉除了順應刀板特性，容易雕刻之外，也因爲筆法統一，工匠雕刻時易於熟練，因此能提高生產效率。印刷字體出現以後，毛筆字在印刷物品上的複製成了「昂貴」的代名詞。

一、書法技藝之發揚及其社會功效

畫面植入說明文字，這是中國傳統版畫文圖組合的一種形式，最通俗的年畫也常在畫面上做簡單的題字，以點出畫面的主題。自從印刷字體流行以後，畫面上繪刻毛筆字體已是相對的不經濟，但是若刻上印刷字體，卻易使畫面顯得不協調。這種困境在石印術引入中國以後，得到徹底的解決，因爲利用石印術複製文字，書寫體（毛筆字）反而比印刷字體使用更方便，這是由於石印術省去鏤雕版木的工序，可以將手寫文字轉寫在石板後直接印刷，因此毛筆字的運用非常自由。相反的，如果要在手繪的石印圖畫上套印出統一規格的印刷字體，反而比較困難，它要非將圖畫與文字分次印刷，否則即需使用照相製版，將圖畫與文字拼版組合。石印術這種方便手寫字直接印刷的特性，被清末中國畫報印刷業充分運用。

以點石齋畫報爲例，該畫報是文圖並茂的形式，它每一幅畫都附加文字說明，其文字運用還有下列幾個特點：第一是完全使用毛筆字體，第二是各畫幅所用的字體並不統一，第三是各畫幅的題字一般都很長，幾乎都塡滿整個畫幅上緣的空白處（圖 51、52）。由於石印術完全省去了雕版工序，乃容許在畫報上印出篇幅相當長的說明文字，因此通常總是能夠把一個事件的來龍去脈交待的相當清楚，這個條件對畫報繪畫風格與形式有重大的影響，並因而使畫報能夠展現與過去戲曲、小說插圖及年畫截然不同的形式與內涵。

就內容而言，點石齋畫報的重點是反映清末社會狀況，其圖說最多的是國內的奇聞異事，且範圍極廣〔註 23〕。與之比較，過去的戲曲、小說插圖及年畫之題材，大都是社會大眾耳熟能詳的，在這種畫面上，只要雕印少許文字，已足以將主題交待清楚，但是點石齋畫報，誠如其發刊詞上所說的，其主要目的是向社會大眾提供「新聞」，因此，畫報裡每一幅畫的內涵，對讀者來說，都是陌生的，如果沒有詳細的文字說明，讀者實在無法看懂畫報所表達的是什麼內涵。當然，由另一個角度來看，我們也可以說，在這份畫報裡，圖畫只是新聞文字的附庸，

〔註 23〕《點石齋畫報》（台北：天一出版社，民國 67 年影印），冊一，頁 5～6。

因爲仔細對照畫報上的文字與圖畫，可以察覺，畫報的作者是先有文字的新聞內容，然後再據以設計插圖。但是也因爲石印術很方便手繪圖畫的刷印，所以畫報作者對圖畫的繪製更是不惜筆墨，因而形成畫報的一種特殊形式：就寓意而言，文字才是它的主體，圖畫只是附庸，每一幅畫的文字單獨抽出來閱讀仍具意義，將圖畫部分單獨抽出來看，則大多不知所云；但是由圖畫與文字所佔的篇幅來看，則圖畫成爲主體，文字只是圖畫的附庸。雖然畫報上的文字已是篇幅不輕，但是圖畫部分所佔比例更大，又由於構圖細密飽滿，在觀感上已超出了插圖的範疇。

由畫報圖畫部分所佔的高篇幅，及其構圖的細密飽滿，可以讓人了解到，畫報作者是希望充分發揮圖畫的觀賞功能，藉以吸引讀者，這一點，由點石齋畫報發行後，人們的購買熱潮可以得到印證。但是這些圖畫，又確實沒有離開文字而存在的條件。換言之，圖畫是人們觀賞畫報的重點，但是其生命則依存於新聞文字之內。而由於石印術方便手寫文字長篇大論的印刷，因此容許在採擇新聞時，可以爲許多僅足一笑，無足輕重的街頭巷語、瑣碎的社會新聞大作文章，對事件的情節詳加舖陳，然後配以插圖，向社會發行。並因而造成清末民初畫報的流行熱潮。在這種條件下，人們才有機會在重大事件之外，比較頻繁的接觸到文圖並茂的社會一般新聞。清末畫報這項貢獻，實受賜於新式印刷術對中國傳統「書畫筆法」印刷瓶頸的突破。

在清末中西文化交會的過程裡，西洋科技與中國傳統文化的關係是很微妙的，就如前述，在原有印刷技術的侷限下，中國傳統的書畫筆法是受到壓抑的，但是借助西洋新印刷技術，反而使傳統的書畫筆法得以發揚光大。

二、傳統繪畫精品之刊行

前述所謂「書畫筆法印刷瓶頸的突破」，指的是清季爲版畫創稿之人，在運筆時獲得較大的自由。但是清季輸入的新式印刷技術，它對中國傳統書畫印刷的影響尚不止於此，它透過照相製版技術，對中國早期精美書畫的保存與傳佈幫助也很大。

中國傳統圖像版印技術在運用上有一項困難，那就是舊版絕版或爲擴大發行，需要加雕複版時，印版翻刻不容易，刻、印的品質很難維持。以明清之際金陵出版家胡正言主持，繪、刻、印最精美的《十竹齋書畫譜》及《十竹齋箋譜》爲例，他的畫譜、箋譜出版後，受到廣大的歡迎。《門外偶錄》一書曾提及說：「銷於大江南北，時人爭購。」協助他雕印的工匠汪楷，也因此書的暢銷「而致巨富」〔註 24〕。就其書畫譜來說，由於供不應求，翻刻本乃不斷出現，然而得不到該譜原版刷印的大量翻刻本，只能根據前翻刻本重刊；結果刊印質量愈翻愈差愈劣，以致將十竹齋優秀的版畫版刻藝術特色丟失殆盡，成了面目全非的《十竹齋書畫譜》〔註 25〕。《十竹齋書畫譜》的版本，自明代天啓、崇禎以來，陸續已有二十餘種。有的用同一版子，先印或後印而產生數種效果不同的版本。最初印的本子，用色清雅醇和，套版符合畫意，版子清新舒朗，印章鈐記正確；而後印的本子，用色就趨向單調，缺乏層次變化，色澤甚或平板、濃厚、渾濁起來，套版時有不合畫意之處，出現漏版漏色、版子稍滑、印記搞錯甚至脫漏。有的明刻本，因版子久經刷印，已趨模糊不清，有些畫面的局部版子或全圖餖版，已擦傷損壞、重加鐫刻，以致畫面有脫漏等問題，不如初印本精謹整飭〔註 26〕。

另如入清以後刊行的《芥子園畫傳》，從出版的數量來說，《芥子園畫傳》恐怕是打破歷年出版數字的。初集刊於康熙十八年（1679），至康熙四十年（1701），又刻印二集和三集。到了康熙四十七年（1708），便又連同初集再版出書。可惜印不到數百部，原版就模糊不清了。此後便輾轉摹繪，重刻刷印，便出現了無數種的《芥子園畫傳》的版本。以後的翻刻，不管他們如何的認眞，便都不及原版的精緻和巧妙。在藝術性的要求上來看，也是相去甚遠了〔註 27〕。

《十竹齋書畫譜》和《芥子園畫傳》之原始創作，都出自中國經濟富庶的時代，當時翻刻、翻印尚有品質問題，到了清中葉以後，由於經濟條件不佳，即使有好的版本供參考，恐怕也無力複刊出精良的品質了。這種窘況，在西洋照相製版技術輸入以後，逐步得到解決。我們在另一章裡曾經談到，最初輸入中國的石印術，無法印刷出具有濃淡效果的成品，但是在石印術進一步改良之前，中國的圖像版印已經採用另一種西洋的印刷技術，那就是珂羅版印刷（Collotype）。該項印刷在照相製版中最爲精細，印名人書畫及其他美術品最爲適宜〔註 28〕。珂羅版印刷能夠有這種印刷效果，是因爲它的印紋是用墨膜的厚薄來表現其畫面光暗

〔註 24〕昌彼得〈套版印書術的演進〉，《明代版畫藝術圖書特展專輯》（台北：中央圖書館，民國 78 年），頁 228。

〔註 25〕薛錦清、茅子良〈畫苑之白眉．繪林之赤幟：記明「十竹齋書畫譜」〉，《朵雲》，第八集（1985 年），頁 118。

〔註 26〕同上，頁 117。

〔註 27〕王伯敏《中國版畫史》（台北：蘭亭書店，民國 75 年），頁 171。

〔註 28〕珂羅版印刷，原爲用膠質印刷之意，此係 1869 年德人海爾拔脫氏（Joseph Albert）所發明。其法：將陰文乾片與感光性膠質玻璃版密合晒印，其感光處能吸收油墨，其餘印版則吸收水性，用紙刷印，即得印樣。（賀聖鼐、賴彥于《近代印刷術》〔台灣商務印書館，民國 62 年〕，頁 23～24）。

深淡，而且又屬於連續版調的，所以它印得的景像幾可與原稿相仿〔註 29〕。在中國首用此術者，當推徐家匯土山灣印刷所，該所在 1890 年已用珂羅版印刷「聖母」等教會圖畫。珂羅版色澤之濃淡，無異於照相，且不變色，故不久即有「有正書局」繼起，應用此法專印古畫碑帖等品〔註 30〕。

此時的珂羅版雖然只能作單色印刷，但是它卻已克服了中國傳統版印技術裡「濃淡效果印刷」的瓶頸。不用靠手工描繪而能完成水墨渲染效果的複製，這對喜好渲染繪畫的中國人而言，算是具有重大貢獻的技術創新了。至於徹底替代傳統圖像版印技術的彩色濃淡效果的印刷術，則至二十世紀初才傳入中國。

雖然在明清之際，中國已發明了能夠表現渲染效果的「餖版」印刷技術，但是由於手工繁複，生產困難，因此歷代名家遺留畫蹟雖多，能夠付諸版印以廣流傳的並不多見。一旦借重西洋輸入的照相製版技術，不用鏤雕版木即能將畫蹟付印，此舉對本已無經濟力量雕造新印版的清末尤具意義。由於這類西洋新技術的應用，使得中國傳統文化的精粹在西洋勢力籠罩下，反而得以首見擴大發行、發揚光大。這種現象不僅見諸圖像印刷一端，在文字印刷也是一樣，蓋清朝人喜好刊印古書，然而自清中葉以後，由於經濟中衰，刻書漸少。自從光緒朝引入照相石印術之後，古書刊印轉趨鼎盛，以殿版書爲例，光緒一朝刊書幾達前四朝總數的三倍，其中近八成都是石印本〔註 31〕。清季這一波「國勢凌夷，文化光大」的復古現象，是過去中國歷代王朝興替中所僅見的，而其關鍵則在於西洋新興科技的借用。

第三節　技術之傳承與啓發

一、新舊技術之相互依存

石印術傳入中國之後，開拓了畫報的新領域。而畫報係以「繪畫」做稿件，

〔註 29〕楊暉《照相製版與平版印刷的原理和實用（上）》（台北：台灣商務印書館，民國 54 年增訂版），頁 102。

〔註 30〕賀聖鼐〈中國印刷術沿革史略〉，《圖書印刷發展史論文集》（台北：文史哲出版社，民國六十四年），頁 168。

〔註 31〕光緒一朝共刻印殿本二十二種，一萬五千零三卷，分別爲嘉道咸同四朝總數的 50%、285%。其中石印本一萬一千七百零七卷，鉛印本三千零十卷。餘者除抄本三種，二百六十卷，雕版書只有五種，二十七卷。（肖力〈清代武英殿刻書初探〉，《歷代刻書概況》〔北京：印刷工業出版社，1991 年〕，頁 387～388）

故畫師爲石印畫報不可或缺的要角。以點石齋畫報爲例，它雖屬西洋輸入的新產業，畫師則完全來自中國傳統社會〔註 32〕。其固定供稿之畫家，係申報公開徵召而來，該畫報創始之年（1884）六月在《申報》登載「招請名手繪圖」啓事。有云：「本齋所得奇書數種，惟有說無圖，似欠全美，故特招聘精於繪事者，即照前報所登尺寸繪成樣張，寄上海點石齋帳房，一經合用，當即面請至本齋面洽。」至零星偶然出現之畫家，係出以投稿，用以賺取兩元一幅之稿費而已。茲錄其徵畫稿啓示：「本齋印售畫報，月凡數次，業已盛行。惟外埠所有奇怪之事，除已登《申報》者外，未能繪入圖者，復指不勝屈。故本齋特告海內畫家，如遇本處可驚可喜之事，以潔白紙新鮮濃墨繪成畫幅，另紙書明事之原委。如果惟妙惟肖，足以列入畫報者，每幅酬資兩元。其原稿不論用與不用，概不退還。畫幅直裡須中尺一尺六寸，除題頭空少許外，必須盡行畫足，居住姓名亦須示知。收到後當付收條一張，一俟印入畫報，即憑條取洋。如不入報，收條作爲廢紙，以免兩誤。諸君子諒不吝賜教也〔註 33〕。」

點石齋畫報爲西洋人所創辦，其目的在向社會大眾具體明確的傳播新聞的內容，其雇用中國畫師顯然出乎不得已，蓋畫報創辦初集的序文中已說明中西畫風之不同，並批評中國繪畫不求「眞」的傳統，序文裡，對中國畫師繪畫風格的調整也有所期許。該序文說道：

> 畫報盛行泰西，蓋取各館新聞事蹟之穎異者，或新出一器，乍見一物，皆爲繪圖綴說，以徵閱者之信。而中國則未之前聞。同治初，上海始有華字新聞紙。厥後申報繼之，周詢博采，賞奇析疑，其體例乃漸備。而記載事實，必精必詳，十餘年來，海內知名，日售萬紙，猶不暇給，而畫獨缺如。旁詢粵港各報館亦然。於此見華人之好尚，皆喜因文見事，不必拘形跡以求之也。僕嘗揣知其故，大抵泰西之畫不與中國同，蓋西法嫻繪事者，務使逼肖，且十九以藥水照成，毫髮之細，層疊之多，不少缺漏。以鏡顯微，能得遠近深淺之致。其傅色之妙，雖雲影水痕，燭光月魄，晴雨晝夜之殊，無不顯豁呈露。故平視則模糊不可辨，窺以儀

〔註 32〕爲點石齋畫報執筆的畫家有：吳嘉猷（友如）、金桂（蟾香）、張志瀛、周權（慕喬）、顧月洲、賈醒卿、田英（子琳）吳貴（子美）、金鼎（鼐卿）、邱書孝、何元俊（明甫）、馬子明、符節（艮心）、李煥堯、管劬安、葛尊、許壽山、沈梅坡、孫友之、王釗、張其、張文秉、朱儒賢（雲林）。（王爾敏〈中國近代知識普及化傳播之圖說形式‧點石齋畫報例〉，《中央研究院近代史研究所集刊》，第十九期〔民國 79 年 6 月〕，頁 141～142）。

〔註 33〕同上，頁 142～143。

器，如身入其境中，而人物之生動，尤覺栩栩欲活。中國畫家拘於成法，有一定之格局，事先布置，然後穿插以取勢，而結構之疏密，氣韻之厚薄，則視其人學力之高下與胸次之寬狹，以判等差。要之，西畫以能肖爲上，中國以能工爲貴。肖者眞，工者不必眞也。既不皆眞，則記其事又胡取其有形乎哉。然而如《圖書集成》《三才圖會》與夫器用之制，名物之繁，凡諸書之以圖傳者證之，古今不勝枚舉。顧其用意所在，容慮夫見聞混淆，名稱參錯，抑僅以文字傳之而不能曲達其委折纖悉之致，則有不得已於畫者，而皆非可以例新聞也。雖然，世運所致，風會漸聞。乃者泰西文字，中土人士頗有識其體例者，習處既久，好尚亦移。近以法越搆釁，中朝決意用兵，敵愾之忱，薄海同具，好事者繪爲戰捷之圖，市井購觀，恣爲談助。於以知風氣使然，不僅新聞，即畫報亦從此可類推矣。爰倩精於繪事者，擇新奇可喜之事摹而爲圖，月出三次，次凡八幀，俾樂觀新聞者有以考證其事〔註34〕。

上引序文一開始即提到「畫報盛行泰西，蓋取各館新聞事蹟之穎異者，或新出一器，乍見一物，皆爲繪圖綴說，以徵閱者之信。」所可異者，中國於引入畫報時，照相技術已發明近半個世紀，上引序文中也提到西洋照相乙事。爲何當時的畫報不使用攝影，卻要使用繪圖的方式？當時如果使用攝影法，則中國傳統的圖像版印技術可謂一舉全被西洋技術取代了。這個問題，彭永祥認爲與經濟因素有關，他說：

清朝最後的三十多年間（1875～1911）出版的畫報，已搜集到七十來種。除 1907 年姚惠在巴黎編印的世界畫報爲攝影圖片製版印刷外，其他都是圖畫石印。然而在中國畫報興起的同時，既有攝影，也有照相製版。今天還能看到當時拍攝的新聞、風光古蹟、人民生活、社會習俗的照片。點石齋畫報第一期刊用的「暹邏大象」圖片，就是用照相製成的版。平常製版，也是用照相法將圖縮小製成。有時還用石印照相法印製字畫出售。那末，爲何不用攝影而用圖畫呢？因爲：當時攝影在中國還不盛行，畫師則好請的多；攝影與製版器材在當時均極昂貴；省外、國外的新聞不可能派人去拍攝，而畫師得知後即可作畫；攝影畫報印刷用紙要求高，故此不用攝影而用圖畫石印〔註35〕。

另有一位學者則稱：「當時攝影技術已傳入中國，但照相製版技術還沒有傳進來」

〔註34〕《點石齋畫報》，初集，甲冊序文。

〔註35〕彭永祥〈舊中國畫報見聞錄〉，《新聞研究資料》（北京：中國社會科學出版社，1980年），總第四輯，頁 161～162。

〔註 36〕。這種說法顯然是錯誤的，因爲在點石齋畫報刊行之前，康熙字典已經由點石齋使用照相法翻印了十萬部〔註 37〕，然而彭永祥從經濟層面的解釋也並不完全正確，且不夠週延。其實，這個問題與當時的「攝影」及「製版」技術的不夠成熟都有關係。

先就製版技術來說，「照相製版」技術在更早已經問世了〔註 38〕。但是早期的照相製版技術尚無法呈現照片上顏色的濃淡深淺變化。換言之，黑白分明的照片製版沒有問題，有灰色地帶的照片則無法製版。這種條件侷限，對黑白分明的古籍文字翻印並不困難，因此，中國較早就已使用照相製版技術翻印古書。至於含有灰色成分的攝影圖像，若要印刷問世，必須用筆墨將灰色部分轉描爲「點或線」的形式。於是一些石印刊物，乃採用紀實照片做底稿，參照照片繪圖落石刊印（圖 53）〔註 39〕。換言之，攝影術流行半個世紀後，攝影照片要與大眾見面，仍有賴於高明的畫師及石印技法。至於能夠呈現照片顏色濃淡變化的石印技術，是光緒末年才從日本引入中國的，其方法乃是將已經磨平的石板多一道「砂版」的加工手續〔註 40〕，因此，中國創辦畫報之初期，採用照片製版印刷在技術上是有困難的。

其次，就攝影技術來說，早期的攝影術，由於底片感光速度慢，甚至在拍攝人像時，常使用一種金屬叉來支撐被拍攝者的頭部，以防其幌動〔註 41〕，因此從十九世紀下半葉至二十世紀初，在攝影術傳入中國後的五十多年時間裡，攝影題材多限於肖像（靜態攝影）〔註 42〕。可是我們發現，點石齋畫報大多數的圖像都涉及新聞或異誌的「動態景像」之描繪，這是當時新聞攝影通常無法獵取的畫面，甚至是絕無機會獵取到的。然而藉這些動態景像的刊印，正是點石齋吸引人心之處。【據統計，點石齋所刊四千六百五十三幅繪圖中，肖像（靜態畫相）只有卅一幅〔註 43〕，可謂只占極少數，其他畫幅多爲動態圖繪】。由此可見，早期的攝影照片值得刊登畫報的並不多。這是石印畫報能以「手繪圖像」獨勝一時的原因，

〔註 36〕俞月亭〈我國畫報的始祖·點石齋畫報初探〉，《新聞研究資料》，總第十輯，頁 153。

〔註 37〕賀聖鼐、賴彥于《近代印刷術》（台北：台灣商務印書館，民國 62 年），頁 19。

〔註 38〕照相製版技術爲 1859 年奥司旁氏（John W. Osborne）所發明。其法：以照相攝製陰文溼片，落樣於特製膠紙，轉寫於石版。吾國初期石印書籍，多用是法製版。（賀聖鼐、賴彥于《近代印刷術》，頁 76。

〔註 39〕陳申等編著《中國攝影史》（台北：攝影家出版社，民國 79 年），頁 76。

〔註 40〕詳見第三章第二節註 58 之引文。

〔註 41〕陳申等編著《中國攝影史》，頁 74。

〔註 42〕陳申等編著《中國攝影史》，頁 75。

〔註 43〕王爾敏〈中國近代知識普及化傳播之圖說形式·點石齋畫報例〉，頁 151。

也是畫師構圖技術受到器重的原因。

當然，由於畫報的內容除了出自寫生與臨摹照片之外，大部份是出於畫家的假想，如戰爭形勢的描繪，各地的風俗習慣，特別是世界各地的風土人情，以及朝廷皇室的活動等等，囿於畫家的知識和見聞，有些東西就不免畫得不倫不類〔註44〕。

姑且不論畫報畫師所描繪的每一幅畫之逼眞程度，中國傳統畫師以其固有的一技之長，得以在石印畫報此新興事業繼續活動，此乃不爭的事實。就這一點來說，我們要知道，過去中國版印作坊的畫師，爲了配合後續「雕刻凸線印版」的需要，其繪畫是固守「線描」傳統的，但是中國畫師帶著這項「線描」的固有技藝投身畫報之繪製，「線描技巧」非但未受到減損，反而得以更加發揚光大。其原因之一是初期的石印術對石板的加工技術未臻成熟，還無法複製繪畫時濃淡渲染的效果，倒是以濃墨描繪清晰的「線描」畫稿最容易有理想的印刷效果，因此，中國畫師原有的「線描技巧」得以繼續使用。這也是中國版印作坊的原有畫師能夠被石印業借重的主要原因。

由上述可知，雖然石印畫報是以西洋全新的印刷技術，印行中國前所未有的新型刊物，但是由於早期西洋印刷的相關技術未臻成熟，所以中國版印作坊裡的畫師，在此新興行業裡，仍有生存的空間。換言之，清季西洋新興技術之輸入中國，即使是從事新興事業一如石印畫報出版者，中國傳統版印「繪、雕、印」三段分工的組合固然已受到解組，但是原有的人力與技術資源，有一部分卻得以順利移轉到新的事業領域，如此一來，在傳統與現代技術的啣接上，維持了部分血脈傳承關係，這對中國工業技術現代化而言，無疑的減輕了不少技術革命的劇痛。

傳統與現代印刷技術啣接時的漸進現象，也存在於年畫生產方面。蓋自從石印術輸入中國，雖然初級的石印技術無法有效的印刷彩色年畫，但是以石印術印刷出年畫的黑色輪廓線條，再交付塡彩，則不失爲簡便的生產方法，因爲使用石印術印刷出年畫的輪廓線條，要比雕刻新印板來得簡便、快速，更何況當時進口的彩色顏料價格便宜，年畫作坊得以大量作爲塡彩之用。清季天津楊柳青年畫作坊即已引用這種石印與塡彩組合的生產方式〔註45〕。這種生產組合，原有版印「繪、雕、印」三段分工中的雕工被抽換掉，固然對作坊的人力結構造成衝擊，

〔註44〕俞月亭〈我國畫報的始祖．點石齋畫報初探〉，《新聞研究資料》，總第十輯，頁153～154。

〔註45〕參鄭振鐸、李平凡《中國古代木刻畫選集》（北京：人民美術出版社，1985年），第九冊，頁94。

但是後來由於彩色石印年畫的技術成熟並大量發行，傳統年畫作坊爲了提高競爭的能力，只好援引初級石印與人工塡彩的生產方式，以降低生產的成本。此種揉合中西技術之長的生產組合，是傳統年畫作坊之資本、勞力與西洋技術的結合，它保障了年畫作坊，免除了西洋新興技術對原有勞力結構過於快速、劇烈的衝擊。

二、技術現代化的契機

西洋新興印刷技術之輸入，對中國傳統圖像版印人力衝擊的漸進現象有如上述。至於清季所引入新技術的時機，及其技術的層級，對中國新舊技術的啣接與新技術的啓蒙也有其適當性。由於中國傳統的圖像版印係使用木雕凸版印刷，而木雕凸版的材質與形制都沒有朝機械化發展的條件，其終被完全取代是無庸置疑的。然而西洋輸入的石印術，由於是屬於最原型的新式技術，在技術的操作上具有與傳統版印相當近似的「手藝」性質，此現象增加了新舊技術啣接上的親和力，並有助於印刷操作者對新技術原理的全盤認知；同時石印術又具備印刷技術創新的條件，因此，對石印術原理的認知，實有助於印刷技術的啓蒙與再開創。

就上述石印術的「手藝」性質來說，它的確未包含很高的機械化特質，其印刷的機器及其製版的材料，自石印發明後六七十年間，俱仍沿用初期的手搖落石機和石灰石。後來雖改用大型之平檯機印刷，但是這種平檯機亦係來回滾動的，故其速率既受限制，而其印數仍亦無多〔註 46〕。舉例來說，光緒初年上海徐家匯土山灣印刷所所用之石印架，係以木料造成，形如舊式凹版印刷機，用人力攀轉，印刷異常費力。至英人美查開設點石齋石印書局，始有輪轉石印機，惟其轉動則以人力手搖，每架八人，分作二班，輪流搖機。一人添紙，二人收紙（圖 54），手續麻煩，出於意料。而其出數，每小時僅得數百張。至光緒中葉始改用自來火引擎以代人力，而出數亦稍見增加〔註 47〕。新式印刷技術這種操作的條件，無疑的與中國傳統版印的「手藝性」，具備相當的同質性，它們之間的啣接關係，具備「手工業」到「機械工業」交替的漸進性質。也由於西洋輸入初級新技術之「手工業」性質，它在操作上對中國生產的傳統紙張也具有容受條件，例如〈點石齋畫報〉即以土產的川紙印刷〔註 48〕，其他畫報尤有使用更廉價之竹紙來印刷的〔註

〔註 46〕楊暉《照相製版與平版印刷的原理和實用（上）》（台北：台灣商務印書館，民國 54 年增訂版），頁 13～14。
〔註 47〕賀聖鼐、賴彥于《近代印刷術》，頁 22。
〔註 48〕黃天鵬〈五十年來畫報之變遷〉，《良友畫報》，第四十九期，頁 36。
〔註 49〕同上，頁 36。

49〕。設若中國更晚才與西洋更進步的印刷技術接觸，則新技術對傳統產業的瞬間衝擊將會更爲劇烈。

清季引入中國的石印術，雖然保有相當程度的「手工業」特質，但是它的印刷原理對往後新技術的再創新，卻具有相當的啓發性。事實上，甚至攝影術的發明之靈感與實驗基礎，都是來自於石印術的啓發。而往後各種先進的平版印刷技術，俱是由最初的石印演進而成，例如後來發展出來，用鋅和鋁兩種金屬薄版曬製而成的平面版和平凹版，暨於十九世紀中葉發明，用玻璃版製成的珂羅版（Collotype）等，因爲它們的印紋和無印紋部份都是相平的，故俱屬平版印刷。這種印刷全是用油脂與水不能混合的原理，以利用化學方法爲主〔註 50〕，這也是石印的基本原理與方法。

從以上所述得知，中西傳統與現代工業（工藝）技術的交替關係，就圖像版印技術而言，在交替的時機上，中西接觸還算不遲，此時西洋輸入的初級技術對中國傳統產業還有相當的包容性，它並使新技術的操作者有較從容吸納的機會，由根本處體認新技術的基礎面貌，因而對技術的再開創提供了啓蒙的契機。換言之，清季輸入的石印技術，不但與傳統是相啣接的，與現代也是相啣接的，因此，在輸入的時機上，對傳統產業的漸次更新，或是對中國新技術的培養機會來說，應該都還算不太遲。如果中西技術的交會更晚才發生，則中國所面對的將是與傳統技術經驗差距更大、更難的新技術，而中國的技術現代化，也將面臨更劇烈的衝擊和更大的困難。

〔註 50〕楊暉《照相製版與平版印刷的原理和實用（上）》，頁 102。

第六章　結　論

明末以來，促進中國傳統圖像版印技術進步的原動力，是社會對「彩色」印刷的需求。明末新創的彩色「渲染」套印技術，也確能反應社會的需要，其彩色套印產品，尤其是「畫譜」的製作，已經達到與原畫「亂眞」的地步。然而其製作過程之繁難，更甚於原畫之繪製；其品質之維持，又過度依賴工匠的「繪畫技藝」，因此只能小量生產，供文人消費，以致這種技術沒有朝現代化發展的條件。相較之下，清代流行的「年畫」，非但強調彩色裝飾效果，還能大量生產，以滿足社會上一般家庭的消費。但是年畫這種「質量並重」的社會需求，也沒有促進中國傳統版印技術之升級。這一方面是因爲清代的版印圖像過度講究手工裝飾效果，以致不能引發機械技術的創造；另一方面是因爲中國傳統版印以凸線雕版爲特色，這項特色，在面臨彩色圖畫大量生產需求時，卻採取「勞力密集」生產方法。因爲凸線雕版印刷，已經將繪畫上最困難的輪廓線印刷出來，所剩下需要補充的，只是「低技術水準」的「塡彩」部分。而這部分的工作，一般的婦孺也能從事。中國傳統彩色年畫這種生產方式，在分工的理念上，析釋出可引用廣大無技術勞力的工段，於每年的農閒時期，隨機投入年畫生產行列。這種勞力密集的生產模式，固然滿足了市場的需求，但是卻排除掉了「印刷」技術朝現代化發展的潛在動力。

在西方新印刷技術輸入之前，由於中國傳統圖像版印技術在歷經各種挑戰時，都能憑藉固有文化與技術特質，保持其一定的韌性，這種保守性格，對清末西洋新技術的引進，的確形成了一些阻力。但是由於自明末以來，中國傳統版印風格的演變，以及滿清中葉以後經濟與社會的內在變化，對西洋技術在清末之引進，已經營造了有利的環境。換言之，中國在清季接受西洋技術，並非完全被動的，也有內在環境變化的配合，故西洋技術之移植中國比較順利。

從西洋技術對傳統市場的取代來說，自明末以來，中國傳統版印逐漸加強裝飾效果以及多色套印。而且採用「凸版」套色，技術難度較高；裝飾效果的追求，也增加了許多套印與塡彩的成本。到了清末，這種高裝飾性的製作成本，已經不是衰敗的經濟條件所能負擔，因此不但新印版的雕製減少了，版印的品質也下降了，因而爲粗糙卻較廉價的西洋產品與平版印刷技術的輸入，讓出了一條通路。

從西洋技術對新市場的開發來說，鴉片戰爭以後，西洋勢力帶來許多珍奇「新聞」，這些新聞並有「圖像化」的需要，由於新聞性題材的不斷出現，並且具有「立即性」，傳統木雕版不能滿足這種生產條件。而西洋技術製版容易，印刷簡便，符合新聞印刷的特性，因此，晚清新聞需求的成長，對西洋技術的引用，也營造了有利的條件。

然而我們發現，傳統與現代技術的替代過程是和緩的。雖然晚清的經濟條件不利於雕製新木版，但是長年累積的木雕舊版再版簡易，有繼續刊印的價值。因此，清季在西洋技術輸入以後，出現一段傳統與現代技術共存共榮的時間，彼此不是互相抵制與衝突的。

另一方面，我們還發現，在西洋技術輸入之後，不論是中國傳統版印產業的更新，還是新興印刷產業的開創，都存在新舊技術相當程度的互補與融合關係。

就傳統版印產業的更新而論，由於晚清的經濟條件已經難以支應新木版的雕製，傳統年畫作坊爲了維持競爭力，採用西洋技術，印刷出年畫的黑色輪廓線條，然後交付一般婦孺去塡彩。此種揉合中西技術之長的生產組合，免除了西洋新興技術對原有勞力市場的劇烈衝擊，這對中國工業技術現代化而言，無疑的減輕了不少技術革命的劇痛。

其次，在新興印刷產業裡，我們也發現，中國傳統版印技術，與西洋技術有相互依存與互補的關係，經過互補，彼此的技術都得以發揚光大。從西洋技術方面來說，由於其技術在清末仍未充分成熟，必須以濃墨描繪清晰的「線條」來達到理想的印刷效果，而中國的傳統版畫，一向著重「線條」的運用，因此，中國畫師原有的「線描技巧」得以繼續使用。這也是中國版印作坊的畫師，被新興印刷業借重的主要原因。從中國傳統技術的發揚方面來說，中國傳統版印雖然強調「線描」技術，但是爲了配合木板雕製的「刀、板」條件，過去畫家並不能自由運用各種線條結構。中國過去這種善用線條，卻又無法自由使用的困境，在西洋技術輸入以後，反而獲得化解。以點石齋畫報爲例，該畫報的主力畫師是聘自傳統的版印業，並承襲傳統版畫的線描技法，但是由於新製版材料免除了雕版之困難，他們得以將「線描技巧」發揮到木面雕版原本可欲而不可求的境界。如此一來，在石印圖像的複製方面，得以免除傳統版畫陳陳相因的現象，並構成畫報濃淡、深淺有致，「近乎寫實照片」的立體效果。在文字的複製方面，由於石印技術方便傳統「毛筆字」（也是線描的一種）的直接印刷，因此容許新聞畫報以大量的文字詳細舖陳事件的情節。在這種條件下，人們才有機會經常接觸到文圖並茂的社會新聞。清末畫報這項成就，實受賜於西洋新技術與中國傳統「書畫筆法」的融合。

就中國新舊技術的啣接與新技術的啓蒙來說，清季引入新技術的時機，及其技術的層級，也有其適當性。此時西洋輸入的圖像版印技術，由於是屬於最原型的新式技術，在操作上具有與傳統版印相當近似的「手藝」性質，因此與傳統產業有相當的互補關係及親和性，它們之間的啣接關係，具備「手工業」到「機械工業」交替的漸進性質。而且清季輸入的西洋技術又具備不斷創新的特性，後來發展的各種先進平版印刷，都是由此演進而成的，因此，這種技術的輸入，對傳統產業的漸次更新，或是對中國新技術的培養，在時機上應該都還算不太遲。如果中西技術的交會更晚才發生，那麼，中國所面對的將是與傳統技術差距更大、更難的新技術，如此，則中國傳統產業技術現代化，將面臨更劇烈的衝擊。

總之，在其他領域，即使中國傳統對西方價值存有強烈的排斥作用，但是在圖像版印技術領域裡，中西雙方卻存在著相當程度的融合性。

圖一　窺妻祝香

圖出《范睢綈袍記》，明萬曆間（1573～1619）金陵富春堂刊本。錄自《中國美術全集・版畫》圖八一。此圖中的假山與廊柱採塊面結構，印出後墨色不足，效果不佳。

圖二　鶯鶯像

圖出《北西廂記》，明崇禎間（1628～1644）山陰李氏延閣刊本。錄自《中國美術全集・版畫》圖一二○。此圖中仕女的頭髮為塊狀結構，印出後墨色不足，效果不佳。

圖三　至聖先師孔子像

圖出《聖賢像讚》，崇禎五年（1632）刊本。錄自《中國美術全集・版畫》圖四一。此圖中孔子的衣服為塊面結構，印出後墨色不足，效果不佳。

圖四　由房

圖出《明珠記》，明天啓間（1621～1627）吳興閔氏朱墨套印本。錄自《中國美術全集・版畫》圖一〇七。此圖以細線雙勾雕出凸線，故畫面清晰，形象分明，輕重均勻。

圖五　玉樓春色

圖出《四聲猿》，明萬曆四十二年（1614）錢塘鍾氏刊本。錄自《中國美術全集・版畫》圖九七。此圖以細線雙勾雕出凸線，故畫面清晰，形象分明，輕重均勻。

圖六　十二寡婦征西圖

圖出《鐫出像楊家府世代忠勇演義志傳》，明萬曆間（1590 前後）刊本。錄自　周蕪編著《中國古代版畫百圖》圖四一。此圖中十二位似應娶自不同家族的女人，容貌居然都相同，完全不似婆媳、妯娌，反而像似母女、姊妹。

圖七　女十忙

清中葉　陝西鳳翔出品，錄自《中國美術全集・年畫》圖八六（原圖彩色）。此圖中衆多人物的容貌完全相同，而且沒有表情的刻畫。

圖八　女十忙

清光緒　山東濰縣出品，錄自《中國美術全集・年畫》圖一〇八（原圖彩色）。此圖中眾多人物的容貌完全相同，而且沒有表情的刻畫。

圖九　姑蘇萬年橋

清乾隆五年（1740）蘇州出品，錄自　李約瑟主編《中國科學技術史·紙和印刷》圖一一九四。此圖模仿西洋畫的技術，家屋、橋等雖加陰影，卻不見「點景人物」在地上面的投影，光源亦全然不明瞭。

圖十　文武狀元

清初北京出品，錄自《中國美術全集‧年畫》圖六。此圖顯示，由於傳統年畫慣用水性顏料，印出的墨層較薄，又由於水性顏料具快乾性，常導致印刷品的色彩不均。

圖十一　趕三關

清中葉　天津楊柳青出品，錄自《中國美術全集·年畫》圖三〇。此圖顯示，由於傳統年畫用水性顏料，印出的墨層較薄，又由於水性顏料具快乾性，常導致印刷品的色彩不勻。

圖十二　萬象更新

晚清　天津楊柳青出品，錄自《中國美術全集・年畫》圖三七。此圖顯示，構圖的均衡與飽滿是年畫的基本要素，線條和顏色常常把畫面的四邊都占滿了。

圖十三　金壽童子

清初　天津楊柳青出品，錄自《中國美術全集·年畫》圖一六。此圖顯示，構圖的均衡與飽滿是年畫的基本要素，線條和顏色常常把畫面的四邊都占滿了。

圖十四　祇樹給孤獨園

圖出 《金剛般若波羅密經》卷首，唐咸通九年（八六八）刊本。錄自《中國美術全集・版畫》圖二。此圖刀法極為純熟峻健，線條亦遒勁有力。足以證明晚唐的雕版技術已相當純熟與精妙。

圖十五　羅成賣絨線（一）

清　河北武強出品，錄自《中國美術全集‧年畫》圖六三。此圖採取連環圖畫的形式，它使年畫在裝飾性之外，附加了寓意性與知識性的內涵。

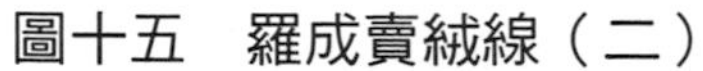

圖十五　羅成賣絨線（二）

清　河北武強出品，錄自《中國美術全集．年畫》圖六三。此圖採取連環圖畫的形式，它使年畫在裝飾性之外，附加了寓意性與知識性的內涵。

圖十六 葺檻旌直

圖出《帝鑒圖說》，明萬曆三十二年（1604）金鐮刊本。錄自周蕪編《中國版畫史圖錄》圖一三〇。此圖只雕印出整個屋頂的下半截，顯示傳統版畫對高密度線條的使用，通常相當的精減與克制。

圖十七　曹彬試周提戈取印

圖出《刻精選百家錦繡聯》，明崇禎元年（1628）刊本。錄自　周蕪編《中國版畫史圖錄》圖一四九。此圖只雕印出整個屋頂的一個角落，顯示傳統版畫對高密度線條的使用，通常相當的精減與克制。

圖十八　明德馬后

圖出《閨范》，明萬曆四十年（1612）泊如齋吳氏刊本。錄自　周蕪編《中國版畫史圖錄》圖九七。此圖以寬鬆的雲彩蓋掉已經省略為一個角落的屋瓦之一部分，顯示傳統版畫對高密度線條的使用，通常相當的精減與克制。

圖十九　明珠

圖出《怡春錦》，明崇禎三年（1630）刊本。錄自　《中國美術全集・版畫》圖一一三。此圖以不搭調的雲彩蓋掉屋瓦之一部分，顯示傳統版畫對高密度線條的使用，通常相當的精減與克制。

圖二十　驗收駝馬

錄自《點石齋畫報》　丙集　圖十。此圖採取鳥瞰的方式，在一個畫面上同時展露許多建築物的屋瓦，顯示點石齋畫報善於描繪屋頂瓦片。

圖廿一　士貳其行

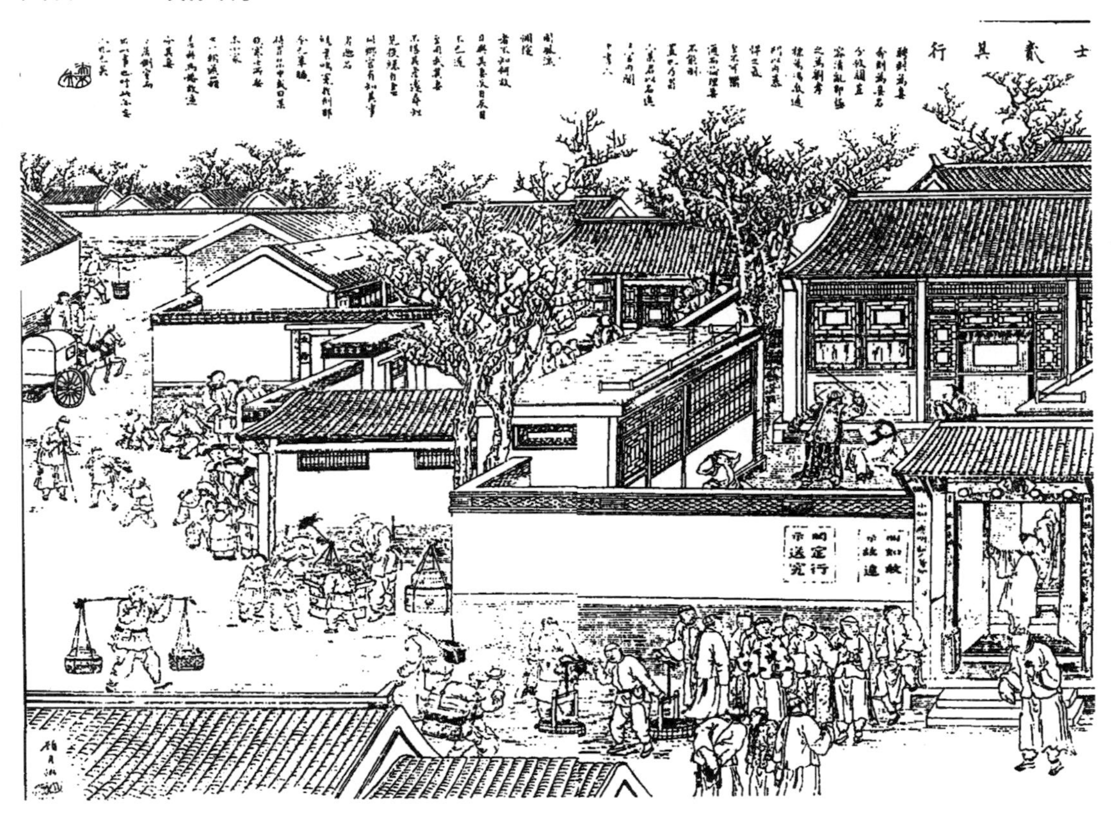

錄自《點石齋畫報》　丁集　圖六一。此圖採取鳥瞰的方式，在一個畫面上同時展露許多建築物的屋瓦，顯示點石齋畫報善於描繪屋頂瓦片。

圖廿二　畫舫飛灾

錄自《點石齋畫報》　丁集　圖五二。此圖採取鳥瞰的方式，在一個畫面上同時展露許多建築物的屋瓦，顯示點石齋畫報善於描繪屋頂瓦片。

圖廿三　仁義院

圖出《古歙山川圖》，清乾隆廿二年（1757）阮溪水香園藏板。錄自《中國美術全集・版畫》圖一八一。此圖顯示，傳統版畫處理「遠景」的屋瓦結構，常以成串的平行直線，表現不同的行間關係。

圖廿四　東市

圖出《墟中十八圖詠》，清康熙五十一年（1712）刊本。錄自《中國美術全集・版畫》圖一七八。此圖顯示，傳統版畫對「近景」的屋瓦，常比照處理遠景的方式，僅以平行線呈現行間關係，而並不雕鑿橫線來區隔每一塊瓦片。

圖廿五　春恨

圖出《詩餘畫譜》，明萬曆四十年（1612）刊本。錄自《中國美術全集・版畫》圖六九。此圖顯示，傳統版畫對「近景」的屋瓦，常比照處理遠景的方式，僅以平行線呈現行間關係，而並不雕鑿橫線來區隔每一塊瓦片。

圖廿六　遠山戲

圖出《盛明雜劇》，明崇禎二年（1629）刊本。錄自《中國美術全集・版畫》圖一一二。此圖僅以平行線呈現行間關係，顯示傳統版畫對「近景」的屋瓦，常比照處理遠景的方式，而並不雕鑿橫線來區隔每一塊瓦片。

圖廿七　北關夜市

圖出《海內奇觀》，明萬曆卅八年（1610）夷白堂刊本。錄自《中國美術全集・版畫》圖四七。此圖將瓦片用斷續的橫線做表示，但是卻省略掉直線的部分，這是傳統版畫節省雕版功夫的變通方法。

圖廿八　旗童枝射

錄自《點石齋畫報》　丁集　圖七八。此圖顯示，點石齋畫報表現「近景」或「遠景」的屋瓦，大致是將每一塊瓦片逐一用橫線做區隔，其清晰度甚至超出視覺的需要。

圖廿九　京師放燈

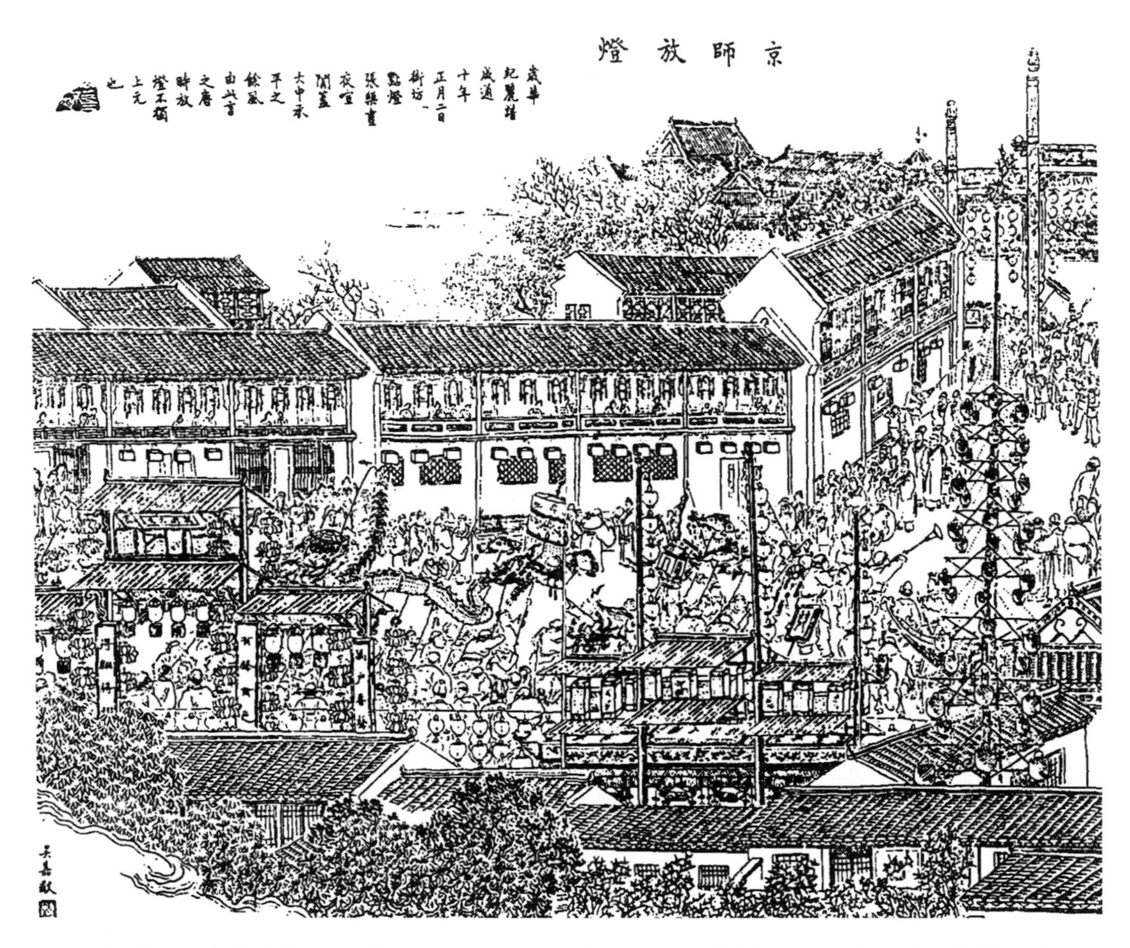

錄自《點石齋畫報》　丙集　圖四六。此圖顯示，點石齋畫報表現「近景」或「遠景」的屋瓦，大致是將每一塊瓦片逐一用橫線做區隔，其清晰度甚至超出視覺的需要。

圖三十　無故殺子

錄自《點石齋畫報》　丙集　圖四。此圖顯示，點石齋畫報表現「近景」或「遠景」的屋瓦，大致是將每一塊瓦片逐一用橫線做區隔，其清晰度甚至超出視覺的需要。

圖卅一　格蘭脫像

錄自《點石齋畫報》　丁集　圖三四。點石齋畫報在此圖中以複雜的線條鋪陳牆面，這是傳統版畫少有的表現方式。

圖卅二　不准為娼

錄自《點石齋畫報》　丁集　圖八五。點石齋畫報在此圖中，以極細密的線條佈置牆面，這是傳統版畫少有的表現方式。

圖卅三　貞節可貴

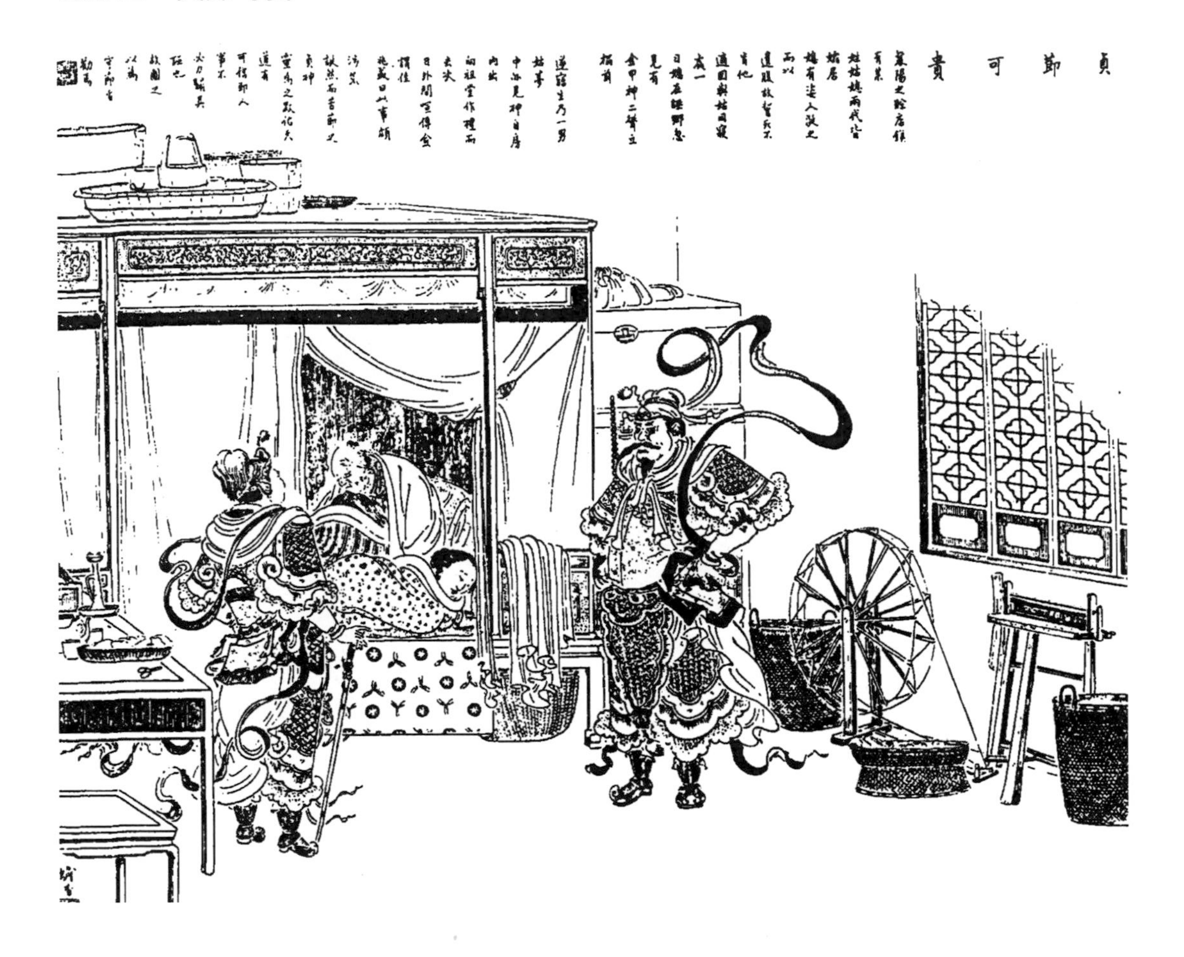

錄自《點石齋畫報》　丙集　圖九三。點石齋畫報在此圖中，以直線交叉成的網狀結構繪印竹簍子，這是傳統版畫不常使用的線條結構。

圖卅四　一產三孩

錄自《點石齋畫報》　辛集　圖四七。點石齋畫報在此圖中，以直線交叉成的網狀結構繪印竹簍子，這是傳統版畫不常使用的線條結構。

圖卅五　一目已眇

錄自《點石齋畫報》　庚集　圖十三。點石齋畫報在此圖中，以直線交叉成的網狀結構繪印竹簍子，這是傳統版畫不常使用的線條結構。

圖卅六　刁佃

錄自《點石齋畫報》　金集　圖二三。點石齋畫報在此圖中，以直線交叉成的網狀結構繪印窗户上的網狀造型，這是傳統版畫不常使用的線條結構。

圖卅七　中奸謀韓廷飛碧血避亂黨關廟泣青燐

錄自《點石齋畫報》　丙集　圖五二。點石齋畫報在此圖中，以直線交叉成的網狀結構繪印窗户上的網狀造型，這是傳統版畫不常使用的線條結構。

圖卅八　總統完婚

錄自《點石齋畫報》　庚集　圖九十。點石齋畫報在此圖中，以細密的網線結構，達到深色衣服的視覺效果，這是傳統木雕版畫沒有的。

圖卅九　咄咄怪事

錄自《點石齋畫報》　御集　圖五。點石齋畫報在此圖中，以細密的網線結構，達到深色衣服的視覺效果，這是傳統木雕版畫沒有的。

圖四十　碩大無朋

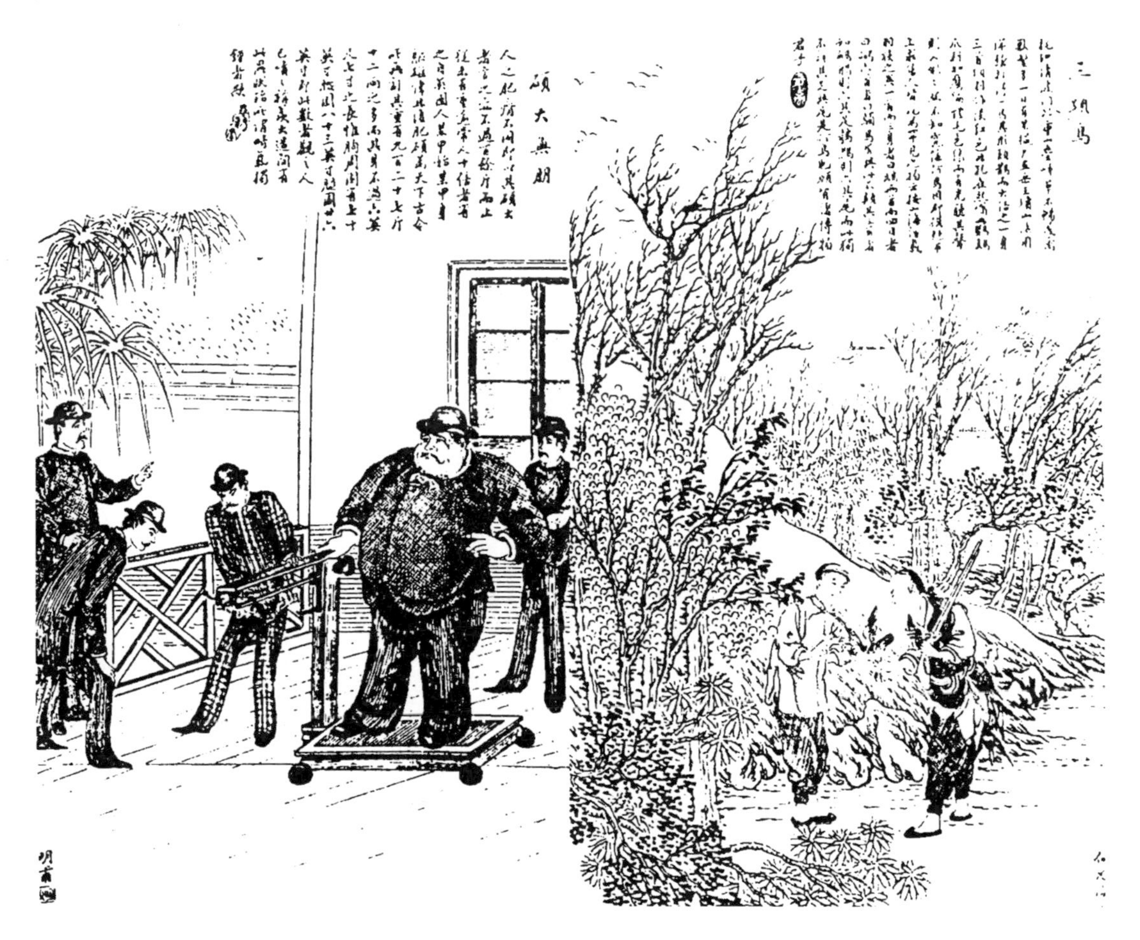

錄自《點石齋畫報》　數集　圖八一。點石齋畫報在此圖中，以細密的網線結構，達到深色衣服的視覺效果，這是傳統木雕版畫沒有的。

圖四一　弔鐘花

錄自《點石齋畫報》　禮集　圖四九。點石齋畫報在此圖中，以細密的點狀結構，達到淺色、灰色衣服的視覺效果，這是傳統木雕版畫沒有的。

圖四二　卜人解事

錄自《點石齋畫報》　御集　圖十七。點石齋畫報在此圖中，以細密的點狀結構，達到淺色、灰色衣服的視覺效果，這是傳統木雕版畫沒有的。

圖四三　移尊候教

錄自《點石齋畫報》　御集　圖四九。點石齋畫報在此圖中，以細密的點狀結構，達到淺色、灰色衣服的視覺效果，這是傳統木雕版畫沒有的。

圖四四　天誅逆子

錄自《點石齋畫報》　書集　圖四十。點石齋畫報在此圖中，以細密的點狀結構，描繪雲彩與草堆，達到相當理想的效果。

圖四五　沙磧亡羊

錄自《點石齋畫報》　金集　圖八六。點石齋畫報在此圖中，以細密的點狀結構描繪流沙，達到相當理想的效果。

圖四六　校書急智

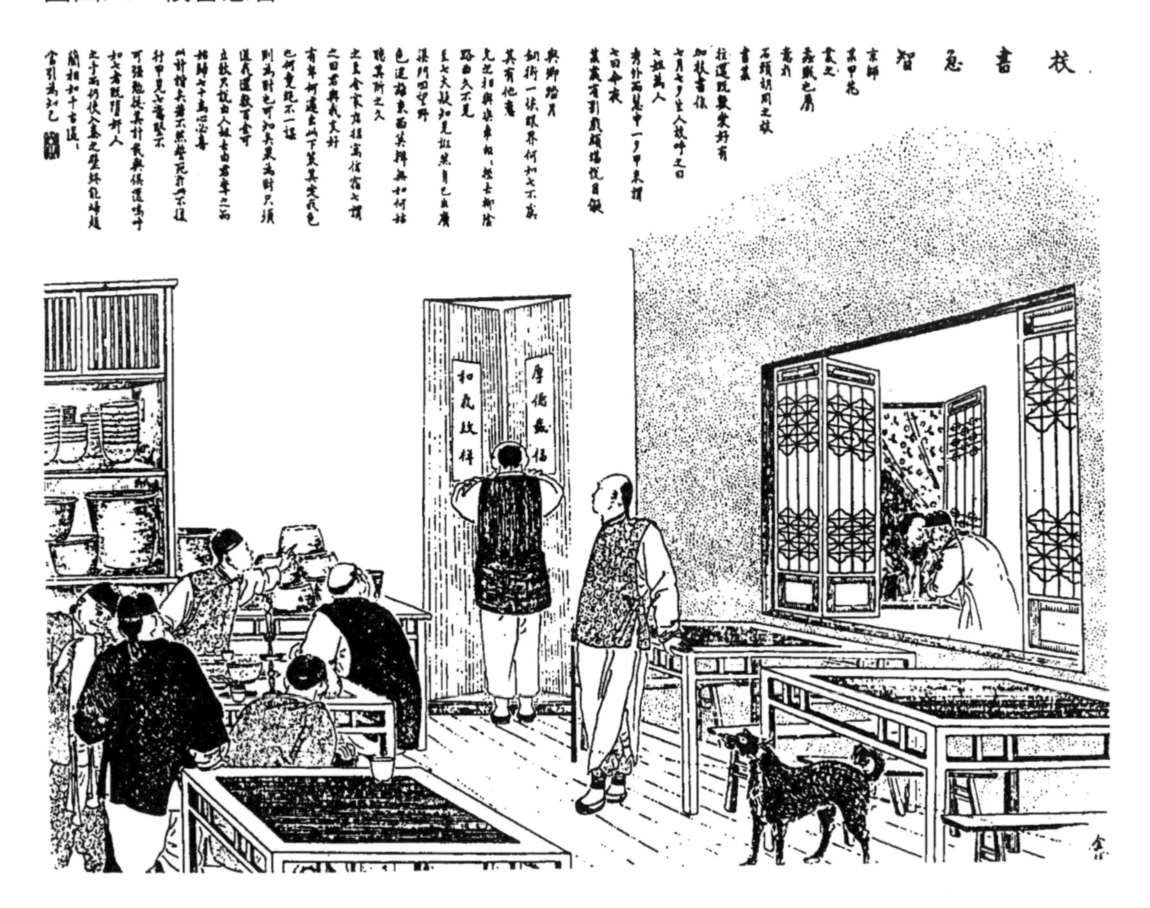

錄自《點石齋畫報》　庚集　圖五五。點石齋畫報在此圖中，以細密的點狀結構，描繪淺色的牆面，達到相當理想的效果。

圖四七　淘沙得利

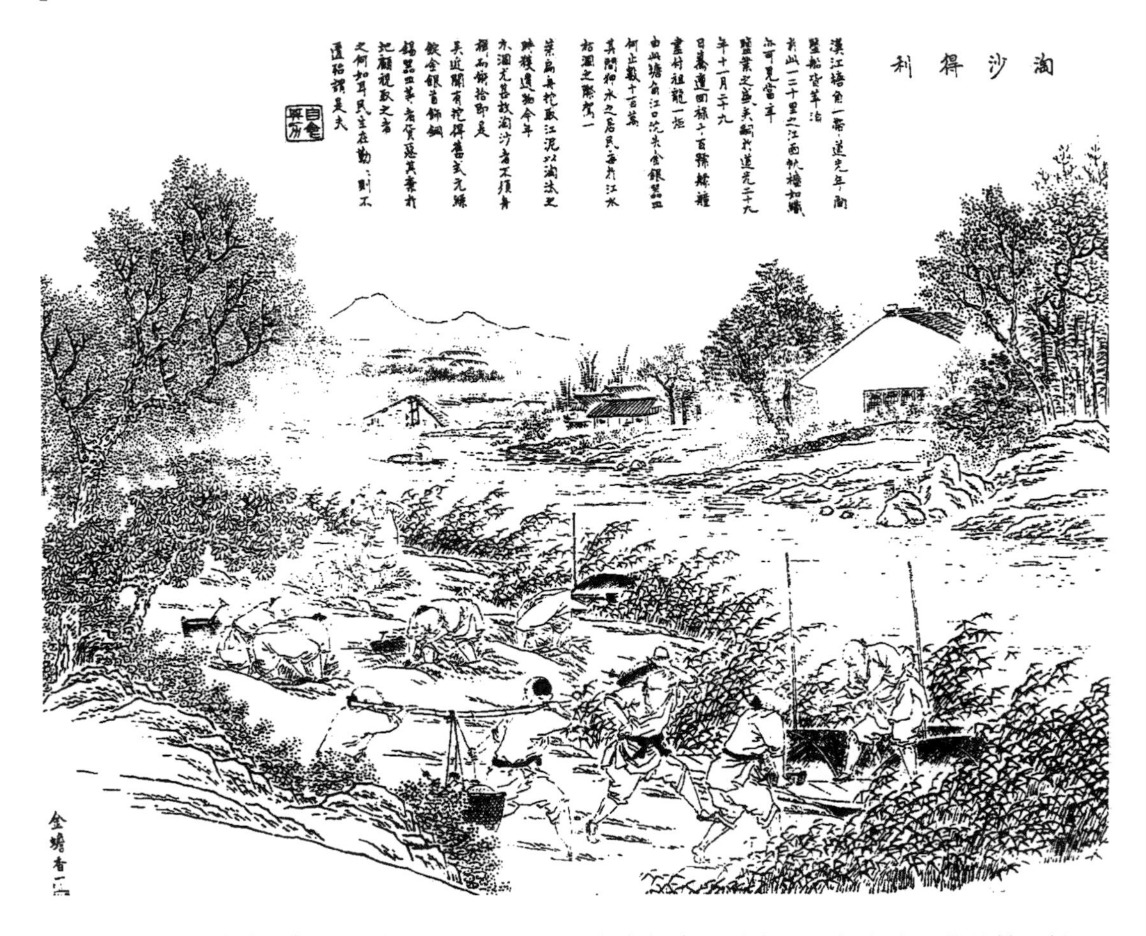

錄自《點石齋畫報》　丙集　圖三八。點石齋畫報在此圖中，以細密的點狀結構，描繪樹葉的造型，達到濃淡、深淺有致的立體效果。

圖四八　搶女得僧

錄自《點石齋畫報》　丁集　圖十三。點石齋畫報在此圖中，以細密的點狀結構，描繪樹葉的造型，達到濃淡、深淺有致的立體效果。

圖四九　永錫難老

錄自《點石齋畫報》　丁集　圖三一。點石齋畫報在此圖中，以細密的點狀結構，描繪樹葉的造型，達到濃淡、深淺有致的立體效果。

圖五十　妖妄宜懲

錄自《點石齋畫報》　丁集　圖四八。點石齋畫報在此圖中，以細密的點狀結構，描繪樹葉的造型，達到濃淡、深淺有致的立體效果。

圖五一　火蝦奇景

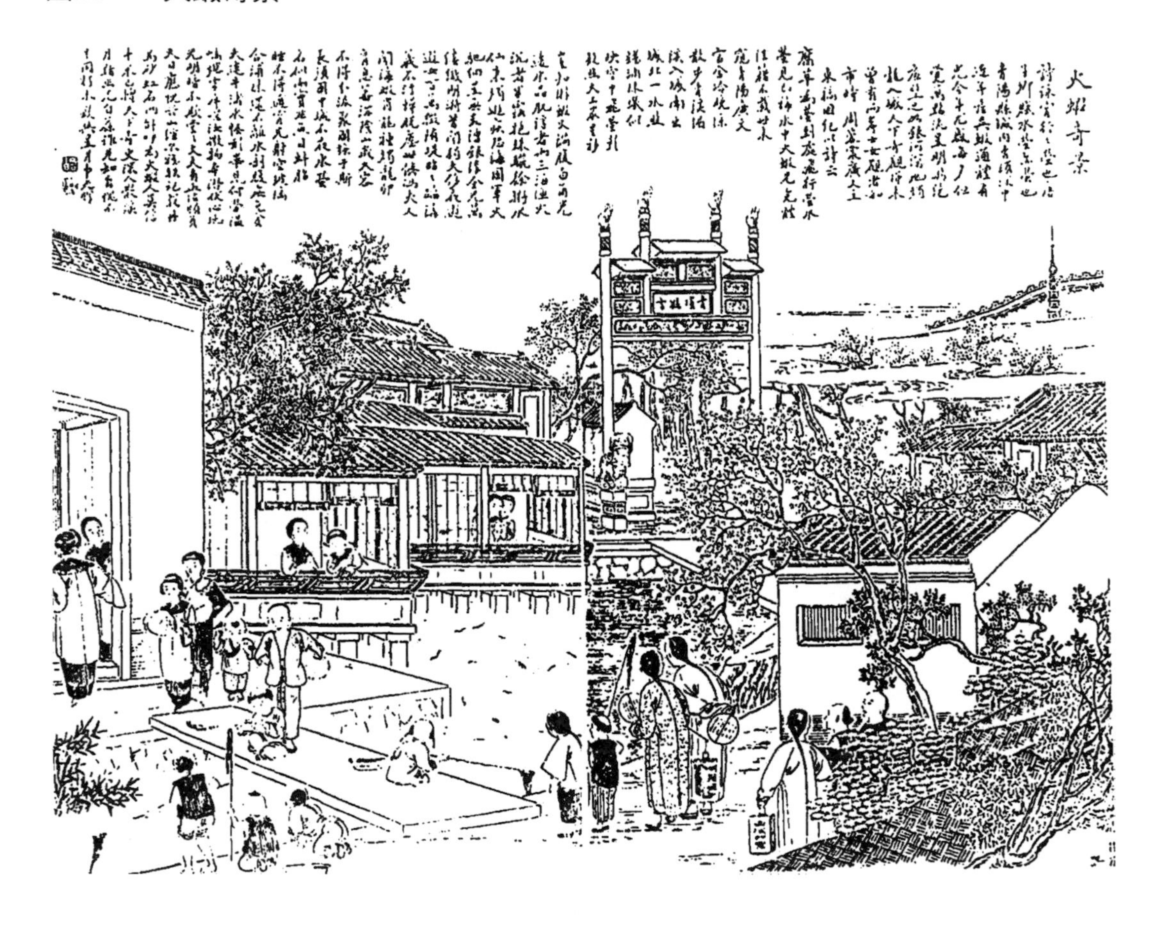

錄自《點石齋畫報》　金集　圖五一。由於石印術方便書寫字的直接印刷，因此點石齋畫報各畫幅的題字一般都很長，經常填滿整個畫幅上緣的空白處。

圖五二　潑悍宜責

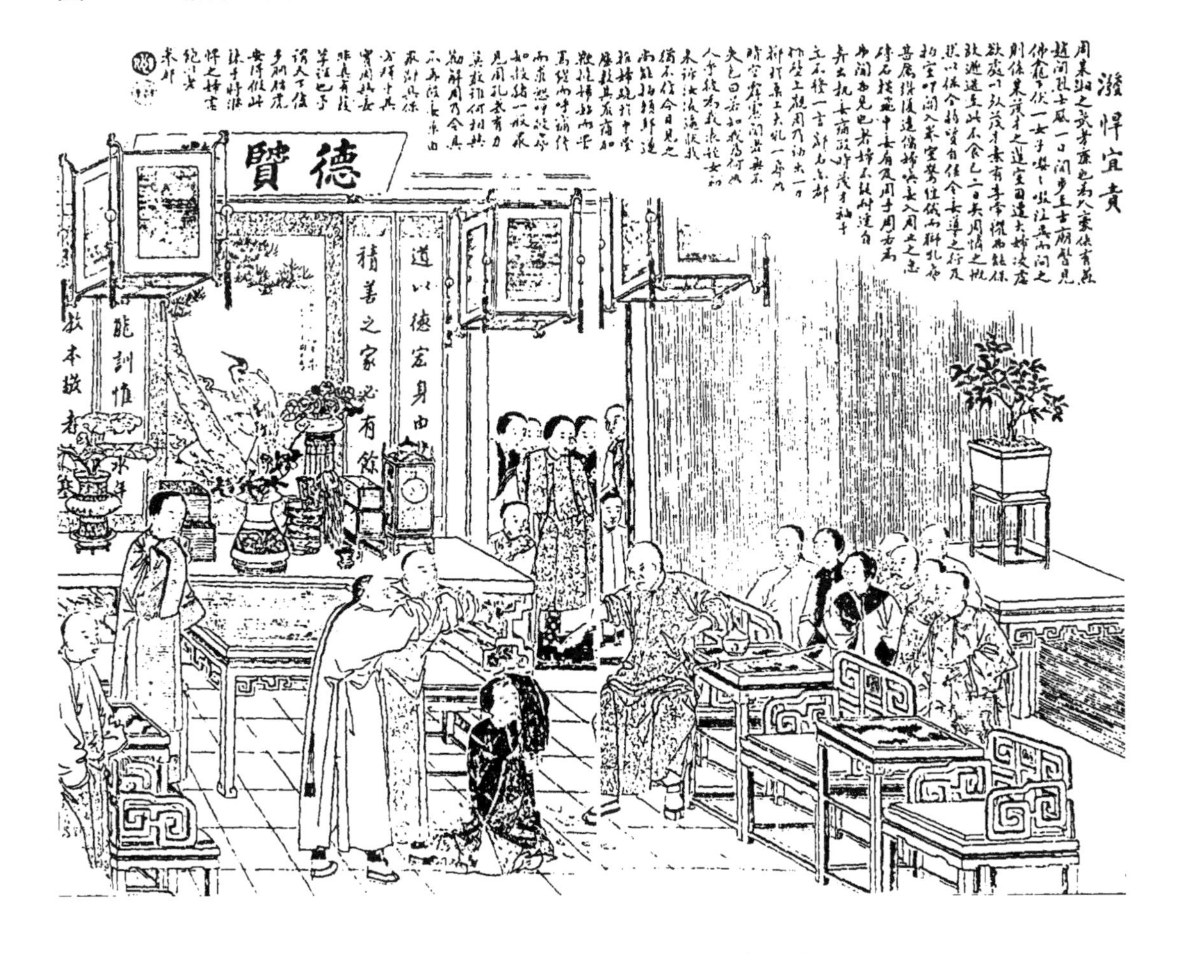

錄自《點石齋畫報》　金集　圖七十。由於石印術方便書寫字的直接印刷，因此點石齋畫報各畫幅的題字一般都很長，經常填滿整個畫幅上緣的空白處。

圖五三　線描石印照片

圖　表　175

錄自　陳申等編著《中國攝影史》卷首插圖。早期的製版技術較簡陋，若要印刷帶「灰色」的攝影圖像，只能用筆墨將照片上的灰色部分轉描為「點或線」的形式。

圖五四 石印工廠實景

圖出《春江勝景圖》，清光緒十年（1884）吳友如繪。錄自 張秀民輯《中國近百年出版史料》附圖。點石齋石印書局，採用輪轉石印機，每架八人，分作二班，兩人輪流以手搖機，一人添紙，二人收紙，每小時印刷數百張。

參考書目

1 ：丁　悚〈上海報紙瑣話〉,《上海地方史資料（五)》,(上海社會科學院出版社，1986 年)。

2 ：上海通社〈上海新聞紙的變遷〉,《上海研究資料》,(台北：中國出版社，民國 62 年)。

3 ：上海新四軍歷史研究會印刷印鈔分會編《歷代刻書概況》,(北京：印刷工業出版社，1991 年)。

4 ：戈公振《中國報學史》,(台灣學生書局，民國 53 年再版)。

5 ：王伯敏《中國版畫史》,(台北：蘭亭書店，民國 75 年)。

6 ：王宗光〈魯迅、鄭振鐸與「十竹齋箋譜」的重刻〉,《朵雲》，第八集（1985 年)。

7 ：王宗光〈舉世無雙的木版水印．北平榮寶齋的傳統水印技藝〉,《藝術家》，第一五三期，(民國 77 年 2 月)。

8 ：王秀雄〈中國套色版畫發展史之研究（一)．唐至明代套色木版畫之演進〉，台北，《師大學報》，第三十期，(民國 74 年 6 月)。

9 ：王樹村《蘇聯藏中國民間年畫珍品集》,(北京：中國人民美術出版社，1989 年)。

10：王樹村《中國民間年畫史論集》,(天津楊柳青畫社，1991 年)。

11：王樹村《戲齣年畫》,(台北：英文漢聲出版社，民國 79 年)。

12：王遜《中國美術史》,(上海人民美術出版社，1989 年)。

13：王耀東《生生不息的濰坊年畫》，聯合報，(民國 82 年元月 21 日，二十五版)。

14：王爾敏〈中國近代知識普及化傳播之圖說形式．點石齋畫報例〉,《中央研究院近代史研究所集刊》，第十九期，(民國 79 年 6 月)。

15：文建會〈中華民國傳統版畫藝術〉，台北，民國 75 年。

16：中央研究院近代史研究所編《中國現代化論文集》,(台北：民國 80 年)。

17：中國美術全集編集委員會編《中國美術全集繪畫編．版畫》,(台北：錦繡出版社，1989 年)。

18：中國美術全集編集委員會編〈中國美術全集繪畫編 21 民間年畫〉，（台北：錦繡出版社，1989 年）。
19：中國研究資料中心重刊《人鏡畫報》，（台北：民國 56 年）。
20：天一出版社重刊《點石齋畫報》，（台北：民國 67 年）。
21：史全生《中華民國文化史》，（吉林文史出版社，1990 年）。
22：史梅岑《中國印刷發展史》，（台灣商務印書館，民國 75 年）。
23：卡　特（T. E. Carter）著、向達譯〈中國印刷術之發明及其傳入歐洲考〉，（《北平北海圖書館月刊》，第二卷，第二號，民國 18 年 2 月）。
24：田自秉《中國工藝美術史》，（台北：丹青圖書，民國 76 年）。
25：古籍鑑定與維護研習會專集編輯委員會編《古籍鑑定與維護研習會專集》，（民國 74 年）。
26：西諦（鄭振鐸）〈略譚中國之彩色版畫〉，（《良友畫報》，一六二期，民國 30 年元月）。
27：行政院文化建設委員會《蘇州傳統版畫台灣收藏展》，（民國 76 年）。
28：沈之瑜〈跋「蘿軒變古箋譜」〉，《文物》，第七期，（1964 年）。
29：沈承志〈重刊明「十竹齋書畫譜」首次出版發行儀式紀略〉，《朵雲》，第十一集，（1986 年）。
30：李約瑟編（錢存訓著）《中國科學技術史．紙和印刷》，（上海古籍出版社，1990 年）。
31：李致忠《中國古代書籍史》，（北京：文物出版社，1985 年）。
32：李興才〈木版水印〉，《印刷科技》，第四卷第六期，（民國 77 年 6 月）。
33：李　默〈辛亥革命時期廣東報刊錄〉，《新聞研究資料》，第一輯，（北京：中國社會科學出版社，1979 年）。
34：吳哲夫〈中國版畫（上）〉，《故宮文物月刊》，第一卷第六期，（民國 72 年 9 月）。
35：吳哲夫〈中國版畫（下）〉，《故宮文物月刊》，第一卷第八期，（民國 72 年 11 月）。
36：吳哲夫〈中國版畫（續篇）〉，《故宮文物月刊》，第一卷第九期，（民國 72 年 12 月）。
37：吳哲夫《版畫的歷史》，（台北：行政院文化建設委員會，民國 75 年）。
38：吳哲夫〈開創古書中的彩色世界〉，《故宮文物月刊》，第三卷，第二期（民國 74 年 5 月）。
39：余白墅〈記朵雲軒的重建與傳統的木版水印技藝〉，《朵雲》，第九集（1985 年）。
40：改　琦（清）繪、顧春福等題詠《紅樓夢圖詠》，（台北：新文豐影印，民國 64 年）。
41：良友畫報〈中國版畫之西洋化〉，《良友畫報》，第一六八期，（民國 30 年 2 月）。
42：欣　華〈蘇州年畫的特色〉，《雄獅美術》，第八十四期，（民國 67 年 2 月）。

43：林啓昌《印刷文化史》，（香港，東亞出版社，1980年）。
44：昌彼得〈中國印刷史上的畸人奇書．胡正言與十竹齋畫譜〉，《故宮文物月刊》，第八十七期，（民國79年6月）。
45：周蕪《中國古代版畫百圖》，（台北：蘭亭書店，民國75年）。
46：周蕪《中國古本戲曲插圖選》，（天津人民美術出版社，1985年）。
47：周蕪《中國版畫史圖錄》，（上海人民美術出版社，1988年）。
48：周蕪《徽派版畫史論集》，（安徽人民出版社，1984年）。
49：阿　英〈中國畫報發展之經過〉，《良友畫報》，一五○期，（民國29年元月）。
50：俞月亭〈我國畫報的始祖．點石齋畫報初探〉，《新聞研究資料》，總第十輯，（北京：新華出版社，1981年）。
51：春生〈年畫、神馬與窗花〉，《雄獅美術》，第七十二期（民國66年2月）。
52：胡萬川〈傳統小說的版畫插圖〉，《中外文學》，第十六卷，第十二期（民國77年6月）。
53：席德進〈台灣的民間藝術．版印〉，《雄獅美術》，第三十期，（民國62年8月）。
54：席德進《台灣民間藝術》，（台北：雄獅圖書，民國63年）。
55：容正昌〈連環圖畫四十年〉，《中國出版史料補編》，（北京：中華書局，1957年）。
56：淨雨〈清代印刷史小紀〉，《中國近代出版史料》，二編，（上海：群聯出版社，1954年）。
57：袁德星等《中華雕刻史（下）》，（台灣商務印書館，民國80年）。
58：柴子英〈談十竹齋刊印的幾種印譜〉，《文物》，（1960年，8／9月）。
59：殷登國〈葉子與繡像．談陳洪綬的木刻版畫〉，《雄獅美術》，第六十四期，（民國65年6月）。
60：郭立誠〈吳友如的時事風俗畫〉，《雄獅美術》，第七十六期，（民國66年6月）。
61：郭東耀、劉益充譯，《印刷初步》，（台北：徐氏基金會出版，民國78年）。
62：康無爲（Harold Kahn）〈畫中有話．點石齋畫報與大眾文化形成之前的歷史〉，中央研究院近史所，1992年4月2日討論會論文。
63：梅創基《中國水印木刻版畫》，（台北：雄獅圖書，民國79年）。
64：莊吉發〈得勝圖．清代的銅版畫〉，《故宮文物月刊》，第二卷第三期（民國73年6月）。
65：黃才郎主編《台灣傳統版畫源流特展》，（台北：行政院文化建設委員會，民國74年）。
66：黃天鵬〈五十年來畫報之變遷〉，《良友畫報》，第四十九期，（民國19年8月）。
67：黃　茅《漫畫藝術講話》，（台灣商務印書館，民國56年）。
68：華克官、黃遠林《中國漫畫史》，（北京：文化藝術出版社，1986年）。
69：華克官〈近代報刊漫畫〉，《新聞研究資料》，總第八輯，（北京：新華出版社，

1981 年）。

70：張玉法《近代中國工業發展史》，（台北：桂冠圖書，1992 年）。

71：張秀民《中國印刷史》，（上海人民出版社，1989 年）。

72：張秀民《中國印刷術的發明及其影響，附：中國近百年出版史料》，（台北：文史哲出版社，民國 77 年）。

73：張明寮《圖文傳播》，（台南：大行出版社，民國 78 年）。

74：張延民〈論明代胡正言的木刻書畫〉，《嘉義師專學報》，第八卷，（民國 67 年 5 月）。

75：張若谷〈紀元前五年上海北京畫報之一瞥〉，《上海研究資料續集》，（中國出版社，民國 62 年）。

76：張靜盧〈清末民初京滬畫刊錄〉，《中國近代出版史料》，二編，（上海：群聯出版社，1954 年）。

77：陳　申等編著《中國攝影史》，（台北：攝影家出版社，民國 79 年）。

78：陳英德〈我的油繪年畫．兼概言中國年畫的傳統與演變〉，《雄獅美術》，第二○四期（民國 77 年 2 月）。

79：陳信夫〈木版水印畫及其印刷法之研究〉，《藝術學報》，第四十九期，（民國 80 年 11 月）。

80：陳景容〈關於浮世繪的技法〉，《雄獅美術》，第六十六期，（民國 65 年 8 月）。

81：陳景容《版畫的研究與應用》，（台北：大陸書店，民國 74 年）。

82：陳進傳〈晚明的工匠與工藝〉，《東方雜誌》，第十九卷，第九期，（民國 75 年 3 月）。

83：喬衍琯、張錦郎編《圖書印刷發展史論文集》，（台北：文史哲出版社，民國 64 年）。

84：喬衍琯、張錦郎編《圖書印刷發展史論文集續編》，（台北：文史哲出版社，民國 68 年）。

85：童書業《中國手工業商業發展史》，（台北：木鐸出版社，民國 75 年）。

86：楊家駱編《中華幣制史》，（台北：鼎文書局，民國 62 年）。

87：楊暉《照相製版與平版印刷的原理與實用》，（台灣商務印書館，民國 54 年增訂版）。

88：彭永祥〈舊中國畫報見聞錄〉，《新聞研究資料》，總第四輯，（北京：中國社會科學出版社，1980 年）。

89：彭澤益《中國近代手工業史資料》，第一卷，（北京：中華書局，1962 年）。

90：葛伯熙〈「寰瀛畫報」考〉，《新聞研究資料》，總第四十一輯，（北京：中國社會科學出版社，1988 年）。

91：賀聖鼐、賴彥于《近代印刷術》，（台灣商務印書館，民國 62 年）。

92：雄獅美術《中國美術辭典》，(1989 年)。
93：雄獅美術〈從版畫裡顯示的生活記台灣傳統版畫源流特展〉，《雄獅美術》，第一八○期，(民國 75 年 2 月)。
94：雄獅美術〈攝影的發明及其震撼〉，《雄獅美術》，第一六八期，(民國 74 年 2 月)。
95：雄獅美術〈動態攝影的源起及其對科學研究的貢獻、藝術表現的啓示〉，《雄獅美術》，第一六八期，(民國 74 年二月)。
96：雄獅美術〈照相機的工業革命〉，《雄獅美術》，第一六八期，(民國 74 年 2 月)。
97：雄獅美術編輯部《楊柳青版畫》，(台北：雄獅圖書，民國 65 年)。
98：復旦大學《簡明中國新聞史》，(福建人民出版社，1985 年)。
99：葉德輝（清)《書林清話》，(台北：文史哲出版社，民國 77 年)。
100：蓋瑞忠《中國工藝史導論》，(台北：幼獅，民國 73 年)。
101：楚　戈〈東方版畫的傳統〉，《藝術家》，第廿八期，(民國 66 年 9 月)。
102：道載文〈記點石齋畫報〉，〈大成〉，第六十期，(民國 67 年 11 月)。
103：廖修平《版畫藝術》，(台北：雄獅圖書，民國 78 年)。
104：廖修平〈中國版畫的演變和發展〉，《藝壇》，第七十六期，(民國 63 年 7 月)。
105：廖敏華〈印刷與發明攝影的背景動機及過程之關係〉，《藝術學報》，第四十七期，(民國 79 年 12 月)。
106：蔣健飛〈新春閒話木刻畫〉，《藝術家》，第九期，(民國 65 年 2 月)。
107：蔣健飛〈中國最早的插畫家陳洪綬〉，《藝術家》，第一○七期，(民國 73 年 4 月)。
108：劉奇俊《中國古木雕藝術》，(台北：藝術家出版社，1988 年)。
109：劉家林〈「漫畫」探源〉，《新聞研究資料》，總第四十二輯，(北京：中國社會科學出版社，1988 年)。
110：劉家璧《中國圖畫史資料集》，(香港，龍門書店，1974 年)。
111：潘元石〈中國版畫史〉，《雄獅美術》，第六十一期，(民國 65 年 3 月)。
112：潘元石《中國傳統版畫藝術特展》，(台北：行政院文化建設委員會，民國 74 年再版)。
113：潘元石《美術資訊．年畫特輯》，(台北：行政院文化建設委員會，民國 76 年)。
114：潘元石〈楊柳青版畫的藝術價值〉，《楊柳青版畫》，(台北：雄獅圖書，民國 65 年)。
115：潘元石〈談點石齋與飛影閣石印畫報〉，《雄獅美術》，第七十六期，(民國 66 年 6 月)。
116：潘元石主編《明代版畫藝術圖書特展專輯》，(中央圖書館，民國 78 年)。
117：潘賢模〈近代中國報史初篇〉，《新聞研究資料》，總第七輯，(北京：新華出版社，1981 年)。

118：潘賢模〈中國現代化報業初創時期．鴉片戰爭前廣州、澳門的報刊〉，《新聞研究資料》，總第五期，（北京：中華社會出版社，1980年）。

119：鄭振鐸、李平凡《中國古代木刻畫選集》，（北京人民美術出版社，1985年）。

120：鄭振鐸〈中國版畫史序例〉，《中國現代出版史料．丙編》，（北京：中華書局，1956年）。

121：鄭振鐸〈中國版畫史圖錄．自序〉，《鄭振鐸美術文集》，（北京人民美術出版社，1985年）。

122：鄭振鐸〈譚中國的版畫〉，《良友畫報》，第一五○期，（民國廿九年元月）。

123：鄭振鐸〈覆鐫十竹齋箋譜鈸〉，《中國現代出版史料．丙編》，（北京：中華書局，1956年）。

124：黎朗〈以刀代筆．妙品亂眞：榮寶齋及其木版水印〉，《雄獅美術》，第一六九期，（民國74年3月）。

125：樋口弘原著、廖興彰節譯〈桃花塢版畫〉，《雄獅美術》，第七十三期，（民國66年3月）。

126：薛錦清、茅子良〈畫苑之白眉．繪林之赤幟：記明「十竹齋書畫譜」〉，《朵雲》，第八集，（1985年）。

127：歷史博物館《中華民俗版畫》，（台北：民國66年）。

128：蕭麗玲〈明末清初傳入的西洋版畫〉，《歷史月刊》，第十六期，（民國78年5月）。

129：謝克〈我國的木版年畫〉，《藝術家》，第一二九期，（民國75年2月）。

130：簡松村〈中國古代的攝影術．寫眞〉，《藝術家》，第一○九期，（民國73年6月）。

131：韓琦、王揚宗〈清朝的石印術〉，《印刷科技》，第七卷第二期，（民國79年10月）。

132：薩空了〈五十年來中國畫報之三個時期〉，《中國現代出版史料（乙編）》，（北京：中華書局，1955年）。

133：羅奇〈朱仙鎮的木刻水印年畫〉，《文藝》，第二七三期，（民國72年3月）。

134：譚權書《木刻教程新編》，（湖南美術出版社，1983年）。

135：嚴佐之《古籍版本學概論》，（華東師範大學，1989年）。